高等职业教育电子与信息大类"十四五"系列教材

电子产品装配与调试技术

主　编◎戴建华

副主编◎冒　莉　孟召议

U0278978

电子课件

华中科技大学出版社

http://press.hust.edu.cn

中国·武汉

内 容 简 介

本书是高等职业教育电子信息类专业规划教材,围绕典型电子产品的装配与调试技术,制定了具体的工作任务,通过任务的具体实施,使学生的专业技能与职业能力得到有效的提升。

DT9205A 数字万用表是最具典型性、普及性、实用性的电子产品,本书详细介绍了 DT9205A 数字万用表的装配与调试过程,将其划分为 4 项工作任务,包括常用电子元器件的识别与检测,常用电子仪器仪表的使用训练,焊接技术与手工焊接技能训练,DT9205A 数字万用表的组装与调试。

本书不仅系统地阐述了电子产品装配与调试所需要的基本技能与操作工艺,而且对完成上述工作任务所涉及的相关知识做了必要的论述,如自动焊接技术、表面贴装技术、静电的防护、数字万用表的电路结构与工作原理、数字万用表测量功能的扩展等。本书将理论知识与实践训练紧密结合,以适应"理实一体化"的教学模式,使学生获得电子产品装配与调试全过程的知识和技能。

本书可作为高职高专电子信息类相关专业的教材,也可供电子信息行业人员培训与考核使用。

图书在版编目(CIP)数据

电子产品装配与调试技术/戴建华主编. —武汉:华中科技大学出版社,2023.1(2025.1重印)
ISBN 978-7-5680-9081-0

Ⅰ.①电… Ⅱ.①戴… Ⅲ.①电子设备-装配(机械)-高等职业教育-教材 ②电子设备-调试方法-高等职业教育-教材 Ⅳ.①TN805

中国国家版本馆 CIP 数据核字(2023)第 008133 号

电子产品装配与调试技术
Dianzi Chanpin Zhuangpei yu Tiaoshi Jishu

戴建华 主编

策划编辑:康　序
责任编辑:白　慧
封面设计:孢　子
责任监印:朱　玢
出版发行:华中科技大学出版社(中国·武汉)　　　电话:(027)81321913
　　　　　武汉市东湖新技术开发区华工科技园　　　邮编:430223
录　排:武汉正风天下文化传播有限公司
印　刷:武汉市首壹印务有限公司
开　本:787mm×1092mm　1/16
印　张:10.5
字　数:259千字
版　次:2025年1月第1版第2次印刷
定　价:38.00元

本教材为高等职业教育电子信息类专业规划教材。

全书围绕掌握电子产品装配与调试技术所需要的知识与能力进行编排,详细介绍了电子产品装配与调试工作的过程,突出职业能力的训练,选取最具典型性的电子产品进行讲解,使学生的综合能力得到有效的提升。

本教材共包括4项工作任务:常用电子元器件的识别与检测,常用电子仪器仪表的使用训练,焊接技术与手工焊接技能训练,DT9205A数字万用表的组装与调试。同时,本教材对各项工作任务所涉及的相关知识做了必要的论述,如工厂自动焊接技术、SMT技术、数字万用表的电路分析与工作原理等。此外,附录中对安全用电方面的知识进行了介绍。

本教材所选择的电子产品实训载体为DT9205A数字万用表。数字万用表是一种典型的电子产品,是每个电子信息类学生及从业人员必备的基本测量仪表。无论是在学习、工作还是在生活中,只要遇到与电相关的问题,人们通常都选用数字万用表来进行检查与测量。

DT9205A数字万用表具有测量功能多,准确度高,电路完善,显示直观,焊接、装配与调试的训练效果好等特点,且实用性强、成本低、性价比高。在实训过程中,只要学生能够按照数字万用表的装调要求完成相应的工作任务,所装调的产品的性能指标就能较好地达到质量标准,完全可以作为学习的必备工具而由学生自己留用。另外,该产品有较为完善的保护电路,能较好地防止学生因误操作而损坏电表。即使电表在实验实训中出现问题,学生通过学习该产品的电路结构与工作原理等相关知识,也可以自己检查修复。

DT9205A数字万用表的电子元器件有100多个,包括电阻器、电位器、电容器、电感、二极管、三极管、集成电路、开关、蜂鸣器等,手工焊点达260多个。通过各类元器件的识读与质量检测,仪器仪表的使用与测试,100多个元器件的安装,260多个焊点的焊接,学生动手能力的培养与训练能够取得较为满意的效果。

DT9205A数字万用表的结构组件有数十件,包括液晶显示屏组件、转盘开关组件、各种测量插座等。结构组件的安装要严格按照工艺要求进行,要求位置准确,方法得当,配合精密。因此对学生良好的学习态度的形成、职业素养与行为规范的塑造、综合能力的培养均有帮助。

DT9205A 数字万用表具有交/直流电压测量、交/直流电流测量、电阻测量、电容测量、二极管正向导通电压测量、三极管电流放大倍数测量等功能。电路的结构组成包括数字电压表(DVM)电路、量程切换与功能转换电路、交直流转换电路、自动延时关机电路等,内容涉及模拟信号处理电路、数字信号处理电路、A/D 转换电路、信号产生电路、数字显示电路等。数字万用表除用于常规测量之外,其测量功能还可以进一步得到扩展,如用于电感测量、频率测量、温度测量等,在一定程度上可以代替许多专用电子测量仪器完成检测任务,满足专业和业余电子工作者的需要。因此,围绕该典型电子产品的相关知识和技能进行学习与训练,能够使学生较为全面地掌握与加深电子类专业的知识与技术,提升学生的专业技能与职业能力。

本教材的参考课时为 52 课时,分配方案如下表所示,各院校可根据具体情况在此基础上增减学时。

序号	教学内容	参考课时	备注
1	任务 1　常用电子元器件的识别与检测	6	
2	任务 2　常用电子仪器仪表的使用训练	6	
3	任务 3　焊接技术与手工焊接技能训练	12	含手工焊接测评学时
4	任务 4　DT9205A 数字万用表的组装与调试	24	含万用表装调测评学时
5	机动	4	可参观工厂或观看教学视频
	合计	52	

本教材由无锡商业职业技术学院戴建华主编,无锡商业职业技术学院冒莉、孟召议任副主编。戴建华编写了任务 4、附录 A 并负责统稿,任务 1、任务 2 由冒莉完成,任务 3 由孟召议完成,太湖创业职业技术学院童建华和启东东大电子科技有限公司杨永新审稿。

由于编者学识和水平有限,书中难免存在不妥与疏漏之处,恳请各位读者批评指正。

为了方便教学,本书还配有电子课件等教学资源包,任课教师可以发邮件至 hustpeiit@163.com 索取。

编　者

2022 年 6 月

目录

CONTENTS

任务 1

常用电子元器件的
识别与检测

知识目标

（1）掌握常用电子元器件的识别方法，正确辨识其种类与型号，正确识读其参数。

（2）掌握常用电子元器件的测试及检测方法。

（3）了解各种电子元器件的使用特性。

素养目标

（1）了解我国电子元器件的现状，增加技术强国意识。

（2）理解检测工艺要求，强化器件的质量意识。

技能目标

（1）学会识别电阻、电容、电感、半导体等常用器件。

（2）学会检测电阻、电容、电感、半导体等常用器件。

工 作 任 务

任务名称 常用电子元器件的识别与检测。

通过常用电子元器件的测试训练,正确辨识其种类与型号,正确识读其参数,掌握常用电子元器件的检测方法。

任务背景

常用电子元器件有电阻、电容、二极管、三极管等,这些元器件在电子设备中约占元件总数的90%以上,其质量的好坏对电路工作的稳定性有极大影响。

环境条件

【检测场所】电子产品工艺实训室。

【检测元件】电阻、电容、二极管、三极管、场效应管、晶闸管等常用电子元器件。

【检测设备】数字万用表或模拟万用表。

 任务实施

◆ 一、电阻器的识别和检测

1. 电阻器的分类

电子电路中常用的电阻器有固定式电阻器和电位器,按制作材料和工艺不同,固定式电阻器可分为:

① 膜式电阻(碳膜 RT、金属膜 RJ、合成膜 RH 和氧化膜 RY)。

② 实芯电阻(有机 RS 和无机 RN)。

③ 金属线绕电阻(RX)。

④ 特殊电阻(MG 型光敏电阻、MF 型热敏电阻)。

2. 电阻的结构和特点

几种常用电阻的结构和特点如表 1-1 所示。

表 1-1　常用电阻的结构和特点

电阻种类	电阻结构和特点
碳膜电阻	气态碳氢化合物在高温和真空中分解,碳沉积在瓷棒或者瓷管上,形成一层结晶碳膜。改变碳膜的厚度和用刻槽的方法变更碳膜的长度,可以得到不同的阻值。特点:成本较低,阻值范围宽,有良好的稳定性,温度系数不大且是负值,是目前应用最广泛的电阻器

续表

电阻种类	电阻结构和特点
金属膜电阻	通常用真空镀膜或阴极溅射工艺,将作为电阻材料的某种金属或合金(例如镍铬合金、氧化锡或氮化钽)淀积在绝缘基体上,使绝缘基体表面形成一层导电金属膜。通过激光刻槽和改变金属膜厚度可以调节阻值。金属膜电阻和碳膜电阻相比,体积小、噪声低、稳定性好,但成本较高
金属氧化膜电阻	利用金属氯化物(氯化锑、氯化锌、氯化锡)高温下在绝缘基体水解形成金属氧化物电阻膜。特点:由于其本身就是氧化物,因此在高温下稳定,耐热冲击,负载能力强。但其在直流下容易发生电解使氧化物还原,性能不太稳定
线绕电阻	用康铜或者镍铬合金电阻丝,在陶瓷骨架上绕制而成。特点:工作稳定,耐热性能好,误差范围小,适用于大功率的场合,额定功率一般在 1 瓦以上。线绕电阻具有可靠性高、稳定性好、无非线性,以及电流噪声、温度和电压系数小的优点。值得注意的是,线绕电阻具有感性和容性效应,通常不适用于 50 kHz 以上的频率

3. 电阻器的外形及电路符号

常见电阻器的外形及电路符号如图 1-1 所示。

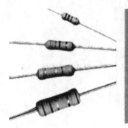

金属膜电阻　　　　　光敏电阻　　　　热敏电阻　　　　　可变电阻(电位器)

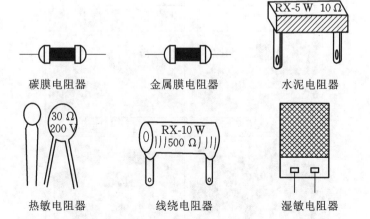

碳膜电阻器　　　　金属膜电阻器　　　　水泥电阻器

热敏电阻器　　　　线绕电阻器　　　　湿敏电阻器

图 1-1　常见电阻器的外形及电路符号

电阻器的一般符号　可调电阻器　热敏电阻器　压敏电阻器　光敏电阻器

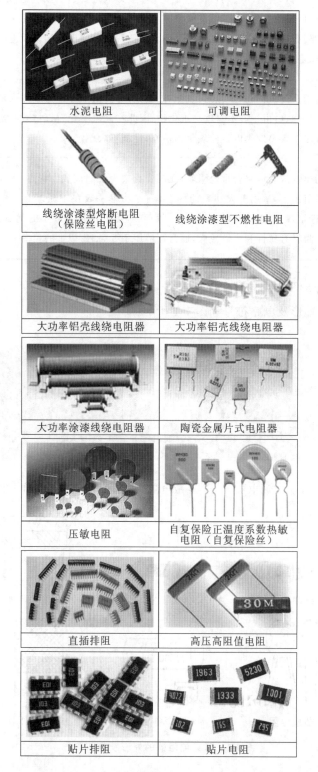

水泥电阻	可调电阻
线绕涂漆型熔断电阻（保险丝电阻）	线绕涂漆型不燃性电阻
大功率铝壳线绕电阻器	大功率铝壳线绕电阻器
大功率涂漆线绕电阻器	陶瓷金属片式电阻器
压敏电阻	自复保险正温度系数热敏电阻（自复保险丝）
直插排阻	高压高阻值电阻
贴片排阻	贴片电阻

续图 1-1

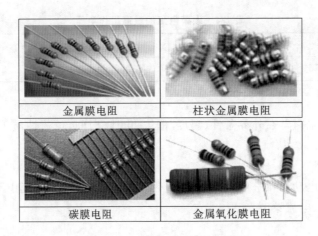

续图 1-1

4. 电阻器的主要性能指标

1）额定功率

额定功率是指在规定的环境温度和湿度下，假定周围空气不流通，在长期连续负载而不损坏或基本不改变性能的情况下，电阻器上允许消耗的最大功率。为保证安全使用，一般选其额定功率比它在电路中消耗的功率高 1～2 倍。

额定功率分 19 个等级，常用的有 0.05 W、0.125 W、0.25 W、0.5 W、1 W、2 W、3 W、5 W、7 W、10 W。

2）标称阻值

标称阻值是指产品上标示的阻值，其单位为欧、千欧、兆欧。标称阻值应符合表 1-2 所列数值乘以 10^N 欧，其中 N 为整数。

表 1-2　电阻阻值系列表

允许误差	系列代号	标称阻值系列
5%	E24	1.0/1.1/1.2/1.3/1.5/1.6/1.8/2.0/2.2/2.4/2.7/3.0/3.3/3.6/3.9/4.3/4.7/5.1/5.6/6.2/6.8/7.5/8.2/9.1
10%	E12	1.0/1.2/1.5/1.8/2.2/2.7/3.3/3.9/4.7/5.6/6.8/8.2
20%	E6	1.0/1.5/2.2/3.3/4.7/6.8

3）允许误差

允许误差是指电阻器和电位器实际阻值相对于标称阻值的最大允许偏差范围，它表示产品的精度。电阻器允许误差的等级如表 1-3 所示。

表 1-3　电阻器允许误差等级表

级别	005	01	02	I	II	III
允许误差	0.5%	1%	2%	5%	10%	20%

4）最高工作电压

最高工作电压是指电阻器长期工作不发生过热或电击穿损坏时的电压。如果工作电压超过规定值，电阻器内部将产生火花，引起噪声，甚至损坏。表 1-4 是碳膜电阻的最高工作电压。

表 1-4　碳膜电阻的最高工作电压

标称功率/W	1/16	1/8	1/4	1/2	1	2
最高工作电压/V	100	150	350	500	750	1000

5）稳定性

稳定性可衡量电阻器在外界条件（温度、湿度、电压、时间、负荷性质等）作用下电阻变化的程度。

6）噪声电动势

电阻器的噪声电动势在一般电路中可以不考虑，但在弱信号系统中不可忽视。电阻器的噪声包括热噪声、电流噪声。

7）高频特性

电阻器在高频条件下使用，要考虑其固有电感和固有电容的影响。

5. 电阻的命名方法

根据部颁标准规定，电阻器、电位器的命名由下列四部分组成。第一部分：主称；第二部分：材料；第三部分：分类特征；第四部分：序号。它们的型号及意义见表 1-5。

表 1-5　电阻器的型号及意义

第一部分：主称		第二部分：材料		第三部分：分类特征			第四部分：序号
符号	意义	符号	意义	符号	意义		
					电阻器	电位器	
R	电阻器	T	碳膜	1	普通	普通	
W	电位器	H	合成膜	2	普通	普通	
		S	有机实芯	3	超高频	—	
		N	无机实芯	4	高阻	—	
		J	金属膜	5	高温	—	
		Y	氧化膜	6	—	—	对主称、材料相同，仅性能指标、尺寸大小有差别，但基本不影响互换使用的产品，给予同一序号；若性能指标、尺寸大小明显影响互换，则在序号后面用大写字母作为区别代号
		C	沉积膜	7	精密	精密	
		I	玻璃釉膜	8	高压	特殊函数	
		P	硼碳膜	9	特殊	特殊	
		U	硅碳膜	G	高功率	—	
		X	线绕	T	可调	—	
		M	压敏	W	—	微调	
		G	光敏	D	—	多圈	
		R	热敏	B	温度补偿用	—	
				C	温度测量用	—	
				P	旁热式	—	
				W	稳压式	—	
				Z	正温度系数	—	

例 1.1 电阻 RJ71-0.125-5.1kI 型的命名含义：

R——电阻器；J——金属膜；7——精密；1——序号；0.125——额定功率，此处表示 0.125 W；5.1k——标称阻值，此处表示 5.1 kΩ；I——误差 5%。

电位器：

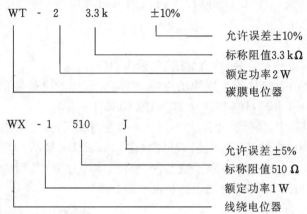

6. 电阻的检测方法

1）万用表检测法

将两表笔（不分正负）分别与电阻的两端引脚相接即可测出实际电阻值。

（1）普通电阻器的检测方法。

用万用表的欧姆挡测量电阻器的阻值，将测量值和标称值进行比较，从而判断电阻器是否正常。电阻器的常见故障有短路、断路及老化（实际值远偏离测量值）等三种。

（2）电位器与可变电阻器的检测方法。

电位器与可变电阻器的检测方法与普通电阻器类似，不同之处在于：电位器与可变电阻器两固定引脚之间的电阻值应等于标称值，若测量值远大于或远小于标称值，说明该元件出现故障。缓慢调节电位器或可变电阻器，测量观察元件定片和动片之间的阻值有何变化。

（3）电位器阻值变化规律。

电位器阻值变化规律指阻值与滑动片触点旋转角度（或滑动行程）之间的变化关系，这种变化关系可以是任何函数形式，常用的有直线式（X 型）、对数式（D 型）和指数式（Z 型），如图 1-2 所示。在实际使用中，直线式电位器适合做分压器。指数式（反转对数式）电位器适合用作收音机、录音机、电唱机、电视机中的音量控制器，维修时若找不到同类品种，可用直线式代替，但不宜用对数式代替。对数式电位器只适合用作音调控制等。

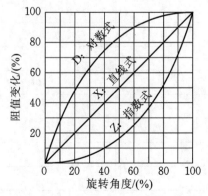

图 1-2 电位器旋转角度（或滑动行程）与阻值之间的变化关系

（4）万用表检测的注意事项：

① 为了提高测量精度,应根据被测电阻标称值的大小来选择量程。

② 应使模拟表的指针指示值尽可能落到刻度的中段位置,即全刻度起始的 $20\%\sim80\%$ 弧度范围内,以使测量更准确。

③ 测试时,特别是在测几十千欧以上阻值的电阻时,手不要触及表笔和电阻的导电部分。

2）参数标注识别法

电阻的参数标注方法有 3 种,即直标法、色标法和数标法。

（1）数标法主要用于贴片等小体积的电路,根据电阻上所标的数值进行识别。如 472 表示 47×10^2 Ω(即 4.7 kΩ),104 则表示 10×10^4 Ω(即 100 kΩ)。

（2）色标法使用最多,是根据电阻上不同色环颜色来识别电阻阻值。电阻通常可以分为四色环电阻(普通电阻)和五色环电阻(精密电阻),如图 1-3 所示。四色环电阻颜色与数字对照表如表 1-6 所示。五色环电阻读数与四色环基本一致,就是标称值中的有效数字增加一位(有三位有效值)。五色环电阻也称精密电阻。

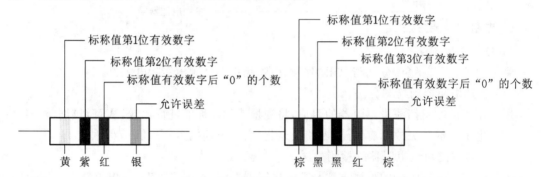

图 1-3 四色环电阻和五色环电阻标识图

表 1-6 四色环电阻颜色与数字对照表

色别	第一色环	第二色环	第三色环应乘的数	第四色环误差
棕	1	1	10^1	
红	2	2	10^2	
橙	3	3	10^3	
黄	4	4	10^4	
绿	5	5	10^5	
蓝	6	6	10^6	
紫	7	7	10^7	
灰	8	8	10^8	
白	9	9	10^9	
黑	0	0	10^0	
金			10^{-1}	$\pm5\%$
银			10^{-2}	$\pm10\%$
无色				$\pm20\%$

例 1.2

四环电阻：

图中的色环颜色依次是红、黑、红、银，则阻值为 $20×10^2=2000\ \Omega=2\ k\Omega$，误差 10%。

五环电阻：

图中的色环颜色依次是棕、红、红、黑、棕，则阻值为 $122×10^0=122\ \Omega$，误差 1%。

二、电容器的识别和检测

电容器是一种储能元件，在电路中用于调谐、滤波、耦合、旁路、能量转换和延时。电容器通常简称电容。

1. 电容的分类

（1）电容按结构可分为固定电容、半可变电容、可变电容三种。

（2）根据介质的不同，电容可分为陶瓷电容、云母电容、纸质电容、薄膜电容、电解电容几种。

常用电容器的外形如图 1-4 所示。不同介质的电容的主要特性如下。

① 陶瓷电容：以高介电常数、低损耗的陶瓷材料为介质，体积小，自体电感小。

② 云母电容：以云母片作为介质的电容器，性能优良，高稳定，高精密。

③ 纸质电容：电极用铝箔或锡箔做成，绝缘介质是浸蜡的纸，相叠后卷成圆柱体，外包防潮物质，有时外壳采用密封的铁壳以提高防潮性；价格低，容量大。

④ 薄膜电容：用聚苯乙烯、聚四氟乙烯或涤纶等有机薄膜代替纸介质做成的各种电容器；体积小，但损耗大，不稳定。

⑤ 电解电容：以铝、钽、铌、钛等金属氧化膜作为介质的电容器；容量大，稳定性差，使用时应注意极性。

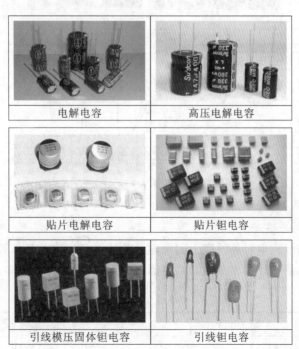

电解电容	高压电解电容
贴片电解电容	贴片钽电容
引线模压固体钽电容	引线钽电容

图 1-4　常用电容器的外形图

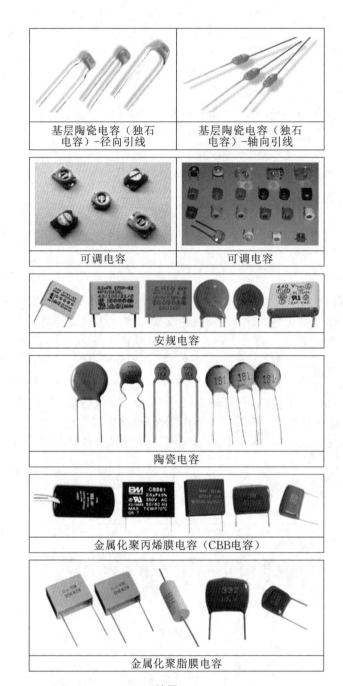

基层陶瓷电容（独石电容）-径向引线

基层陶瓷电容（独石电容）-轴向引线

可调电容

可调电容

安规电容

陶瓷电容

金属化聚丙烯膜电容（CBB电容）

金属化聚脂膜电容

续图 1-4

2. 主要性能指标

1）标称容量和允许误差

标称容量是指标示在电容器外壳上的电容量数值。允许误差是指标称容量与实际容量之间的偏差与标称容量之比的百分数。电容器允许误差等级表见表 1-7。

表 1-7 电容器允许误差等级表

允许误差	±2%	±5%	±10%	±20%	+20%～-30%	+50%～-20%	+100%～-10%
级别	02	I	II	III	IV	V	VI

2）额定工作电压

电容器的额定工作电压是指在线路中能够长期可靠地工作而不被击穿所能承受的最大直流电压。

3）绝缘电阻

电容两极之间的电阻叫作绝缘电阻，也叫漏电电阻，大小是额定工作电压下的直流电压与通过电容的漏电流的比值。漏电电阻越小，漏电越严重。漏电电阻越大越好。

4）介质损耗

电容器在电场作用下消耗的能量，通常用损耗功率（有功功率）和电容器的无功功率之比，即损耗角的正切值表示。损耗角越大，电容器的损耗越大，损耗角大的电容器不适合在高频环境下工作。

3. 电容的参数识别和选用

（1）主要参数。电容的主要参数是容量和耐压值。

（2）容量单位。常用的容量单位有 $\mu F(10^{-6}\ F)$、$nF(10^{-9}\ F)$ 和 $pF(10^{-12}\ F)$，标注方法与电阻相同。当标注中省略单位时，默认单位为 pF。

（3）电容量的数码表示法。电容量通常由三位数构成，左起第一、二位为有效数字位，第三位数字为倍率，单位为 pF。

如：103 表示 $10 \times 10^{3} = 10\ 000\ pF = 0.01\ \mu F$

　　104 表示 $10 \times 10^{4} = 100\ 000\ pF = 0.1\ \mu F$

　　473 表示 $47 \times 10^{3} = 47\ 000\ pF = 0.047\ \mu F$

（4）电容的选用应考虑使用频率、耐压。使用电解电容时还应注意极性，将正极接到直流电源高电位，同时应考虑使用温度。

4. 电容的检测方法

电容较电阻出现故障的概率大。

（1）电容的常见故障有开路故障、击穿故障，漏电故障。

（2）电容的检测：电容一般用万用表的电阻挡进行检测。

① 电容容量大小的判别。

5000 pF 以上容量的电容用万用表的最高电阻挡判别，根据万用表的指针摆动范围判断电容器容量的大小。

5000 pF 以下容量的电容应选用具有测量电容功能的数字万用表进行测量。

注意：

　　每次对电解电容进行检测前，都要先将电容的两个引脚短路，保证电容充分放电，否则容易损坏万用表。

② 固定电容故障的判断。

用判别电容器容量大小的方法进行检测。

若出现万用表指针不摆动，说明电容器已开路；

若万用表指针向右摆动后，指针不再复原，说明电容器被击穿；

若万用表指针向右摆动后，指针有少量复原，说明电容器有漏电现象，指针稳定后的读数即为电容器的漏电电阻值。电容器正常时，其电容器的绝缘电阻应为 $10^{8} \sim 10^{10}\ \Omega$。

③ 微调电容和可变电容的检测。

把万用表调到最高电阻挡,通过测量定片和动片之间的电阻来判断微调电容和可变电容是否正常、有无短路故障、有无碰片故障等。

◆　三、电感器的识别和检测

电感器是一种储能元件,在电路中具有耦合、滤波、阻流、补偿、调谐等作用。凡能产生自感作用的元件称为电感器,简称电感。在电子线路中,电感线圈对交流有限流作用,它与电阻器或电容器能组成高通或低通滤波器、移相电路及谐振电路等,图 1-5 是电感用于 LC 低通滤波器的例子。

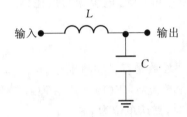

图 1-5　LC 低通滤波器

变压器是一种利用互感原理来传输能量的元件,它实质上是电感器的一种特殊形式。变压器用来进行交流耦合、阻抗匹配、变压、变流、变阻抗等。

1. 电感的符号

电感用字母 L 表示。在电路图中,各种电感的图形符号如图 1-6 所示。

(a) 固定值（开环形式）	(b) 固定值（闭环形式）	(c) 带抽头的
(d) 可变值（风格1）	(e) 可变值（风格2）	(f) 铁粉或铁酸盐铁芯调节电感

图 1-6　电感的图形符号

2. 电感的分类

电感的分类见表 1-8。

表 1-8　电感的种类及外形图

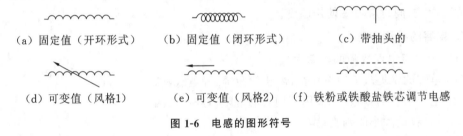

电感种类	实物图片	电感种类	实物图片
工字电感		色环电感	
贴片叠层电感		轴向滤波电感	

续表

电感种类	实物图片	电感种类	实物图片
贴片功率电感		空气芯电感	
共模电感		磁棒绕线电感	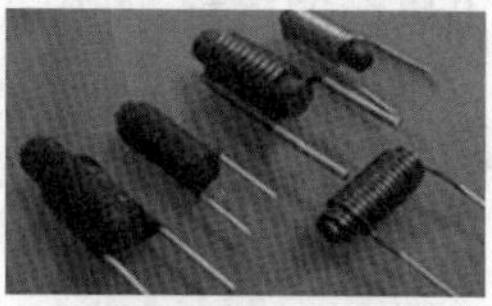
色码电感	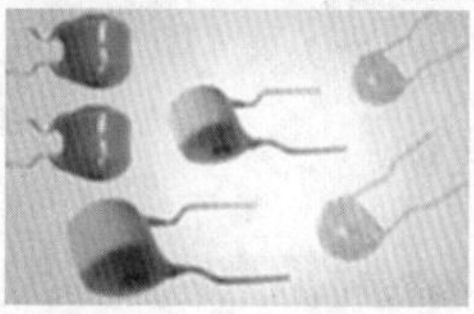	磁环	

3. 电感的主要参数

1）电感量 L

电感量 L 表示线圈本身固有特性，与电流大小无关。除专门的电感线圈（色码电感）外，电感量一般不专门标注在线圈上，而以特定的名称标注。电感量单位：亨（H）、毫亨（mH）、微亨（μH）。$1H = 10^3 \, mH = 10^6 \, \mu H$。

2）感抗 X_L

电感线圈对交流电流阻碍作用的大小称感抗 X_L，单位是欧姆。它与电感量 L 和交流电频率 f 的关系为：$X_L = 2\pi f L$。

3）品质因数 Q

品质因数 Q 是表示电感线圈质量的一个物理量，Q 为感抗 X_L 与其等效电阻的比值，即 $Q = X_L/R$。线圈的 Q 值愈高，回路的损耗愈小。线圈的 Q 值与导线的直流电阻、骨架的介质损耗、屏蔽罩或铁芯引起的损耗、高频趋肤效应的影响等因素有关。线圈的 Q 值通常为几十到几百。采用磁芯线圈、多股粗线圈均可提高线圈的 Q 值。

4）标称电流

标称电流是指线圈允许通过的电流大小。通常用字母 A、B、C、D、E 分别表示标称电流值为 50 mA、150 mA、300 mA、700 mA、1600 mA。额定电流是指电感器在允许的工作环境下能承受的最大电流值。若工作电流超过额定电流，则电感器会因发热而使性能参数发生改变，甚至还会因过流而烧毁。

5）允许偏差

允许偏差是指电感器上标注的电感量与实际电感的允许误差值。

4. 电感的使用注意事项

1）电感使用的场合

电感线圈的等效损耗电阻的大小，与使用场合的潮湿与干燥、环境温度的高低、高频或低频环境等有关。因此,要注意电感在不同使用场合所表现的是电感性,还是阻抗特性,以及应用中对电感线圈 Q 值的大小有无要求。

2) 电感的频率特性

在低频时,电感一般呈现电感特性,既只起蓄能、滤高频的作用。

但在高频时,电感的阻抗特性表现得很明显,有耗能发热、感性效应降低等现象。不同电感的高频特性都不一样。

5. 电感的检测

电感量的标称:直标式、色环标式、无标式。其中色环标式的方法与电阻类似,如图 1-7 所示,色环与数字的对应关系见表 1-9。

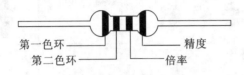

第一色环
第二色环
精度
倍率

图 1-7　色环标式图

表 1-9　电感量的标称表

色标	标称电感量		倍率	精度	色标	标称电感量		倍率	精度
	第一色环	第二色环				第一色环	第二色环		
黑	0	0	10^0	±20%	蓝	6	6	10^6	—
棕	1	1	10^1	±1%	紫	7	7	10^7	—
红	2	2	10^2	±2%	灰	8	8	10^8	—
橙	3	3	10^3	±3%	白	9	9	10^9	—
黄	4	4	10^4	±4%	金	—	—	10^{-1}	±5%
绿	5	5	10^5	—	银	—	—	10^{-2}	±10%

电感方向性:单独的电感无方向,但两互感线圈连接时要注意它们的同名端。

电感检测方法:①用电感测量仪测量其电感量;②用万用表测量其通断(理想的电感电阻很小,近乎为零)。

◆　四、二极管的识别和检测

晶体二极管是半导体基本元器件之一,具有单向导电的基本特性。

二极管的基本结构如图 1-8(a)所示,其核心部分是由 P 型半导体和 N 型半导体相互紧密结合所构成的 PN 结。为了使二极管与外部电路实现可靠连接,需要在 P 区和 N 区两端引出电极引线或贴片焊接区(贴片元器件),并加以封装(管壳)。二极管的电路符号如图 1-8(b)所示,其箭头方向表示正向电流的方向,即由阳极(anode)指向阴极(kathode)的方向。

1. 二极管的分类

晶体二极管的种类很多,按所用材料的不同,可分为锗二极管、硅二极管、砷化镓二极管等;按结构的不同,可分为点接触二极管和面接触二极管;按用途的不同,可分为开关二极管、检波二极管、整流二极管、稳压二极管、变容二极管、发光二极管和光电(敏)二极管等;按

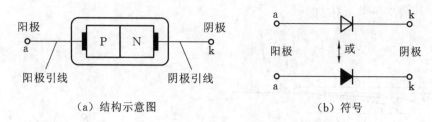

（a）结构示意图　　　　　　　　（b）符号

图 1-8　二极管的结构和符号

工作电流大小,可分为小电流管和大电流管;按耐压高低,可分为低压管和高压管;按工作频率高低,可分为低频管和高频管等。其中开关二极管和整流二极管称为普通二极管,其他则统称为特殊二极管。

1）整流二极管

整流二极管多用硅半导体材料制成,有金属封装和塑料封装两种,如图 1-9 所示。将交流电转变为直流电的二极管叫作整流二极管,它是面结合型的功率器件,因结电容大,故工作频率低。通常,导通电流 I_F 在 1 A 以上的二极管采用金属壳封装,以利于散热;I_F 在 1 A 以下的采用全塑料封装。由于近代工艺技术不断提高,现在不少较大功率的二极管也采用塑封形式。

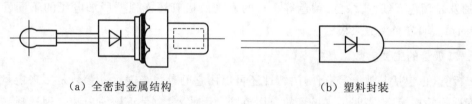

（a）全密封金属结构　　　　　　　　（b）塑料封装

图 1-9　整流二极管的封装外形图

2）检波二极管

检波二极管要求结电容小,反向电流小,所以检波二极管常采用点触式二极管。

3）光电二极管

光电二极管又叫光敏二极管,它是利用 PN 结在施加反向电压时,在光线照射下反向电阻由大到小的原理进行工作的。

4）稳压二极管

稳压二极管是一种齐纳二极管,在电路中起稳压作用。它是利用二极管被反向击穿后,两端电压基本上不随电流的变化而变化,而是稳定在某一数值这一特性进行稳压的,故称为稳压二极管(简称稳压管)。稳压二极管是由硅材料制成的面结合型晶体二极管。

稳压二极管在电路中常用“ZD”加数字表示,如 ZD5 表示编号为 5 的稳压管。硅稳压管伏安特性曲线如图 1-10 所示,当反向电压达到 U_z 时,即使电压的增加非常微小,反向电流亦会猛增(反向击穿曲线比较陡直),这时二极管处于击穿状态,如果把击穿电流限制在一定的范围内,二极管就可以长时间在反向击穿状态下稳定工作。

5）变容二极管

变容二极管是利用 PN 结的电容随外加偏压而变化这一特性制成的非线性电容元件,被广泛地用于参量放大器、电子调谐及倍频器等电子电路中。它的特点是结电容随加到二极管上的反向电压的大小而变化。变容二极管主要是通过结构设计及工艺等一系列途径来突出电容与电压的非线性关系,并提高 Q 值以满足应用要求。变容二极管的结构与普通二极管相似,其符号如图 1-11 所示。

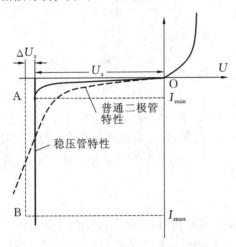

图 1-10 硅稳压管伏安特性曲线　　　　　图 1-11 变容二极管图形符号

6)发光二极管

发光二极管(LED)是一种新颖的半导体发光器件。根据使用材料和制造工艺的不同,LED 的发光颜色有红色、绿色、黄色等。有的发光二极管还能根据所加电压的不同发出不同颜色的光,叫变色发光二极管。

2. 二极管的主要参数

二极管(也包括其他电子器件)的特性还可以用它的参数来表示。参数是用来定量描述二极管性能的指标,它表明了二极管的应用范围。因此,参数是正确使用和合理选择二极管的依据。参数可以直接测量,很多参数还可以从半导体器件手册中查出。二极管的主要参数如下。

1)最大整流电流 I_F

I_F 是指二极管正常工作时允许通过的最大正向平均电流,它与 PN 结的材料、结面积和散热条件有关。电流流过 PN 结会引起二极管发热,如果在实际应用中流过二极管的平均电流超过 I_F,则二极管将因过热而烧坏。因此,通过二极管的平均电流不能超过 I_F,并要满足散热条件。

2)最大反向工作电压 U_R

U_R 是指二极管在工作时所允许施加的最大反向电压。为了确保二极管安全工作,通常取二极管反向击穿电压 U_{BR} 的一半为 U_R。例如,二极管 1N4001 的 U_R 规定为 100 V,而 U_{BR} 实际上大于 200 V。在实际运用时,二极管所承受的最大反向电压不应超过 U_R,否则二极管就有发生反向击穿的危险。

3)反向电流 I_R

I_R 是指二极管未击穿时的反向电流值。I_R 越小,管子的单向导电性越好。由于温度升高时 I_R 将增大,因此使用二极管时要注意温度的影响。

4)最高工作频率 f_M

最高工作频率是由 PN 结的结电容大小决定的参数。当工作频率 f 超过 f_M 时,结电容的容抗减小到可以与反向交流电阻相比拟,二极管将逐渐失去它的单向导电性。

3. 二极管的检测方法

通常可以用万用表测量二极管来判断二极管的好坏。依据二极管的单向导电特性,将万用表拨到 $R \times 1k$ 挡,分别测量二极管的正、反向电阻,好的二极管的反向电阻一般都很大,甚至可达到无穷大。正、反向电阻的差值越大越好。如果测得正、反向的阻值一样大,说明该二极管已损坏。

4. 极性识别方法

二极管的极性识别很简单,小功率二极管的 N 极(负极)大多采用一种色圈在二极管表面进行标示,也有些二极管用二极管专用符号来表示 P 极(正极)或 N 极(负极)。发光二极管的正负极可从引脚长短来识别,长脚为正,短脚为负。常见半导体二极管的引脚排列见表 1-10。

表 1-10　常见半导体二极管的引脚排列

类别	外形封装及引脚排列	实例	特点及应用
玻璃封装		1N758 1N4148 2CK73	低造价,小功率
塑料封装	信号二极管　功率二极管　功率二极管 	1N4148 1N5401 FR107	低造价,较大功率
发光二极管（LED）		FG314003 FG114130	各种颜色及顶部形状,用于各种显示

二极管的极性也可以用万用表测量其正、反向电阻来确定,但模拟万用表与数字万用表有所不同。

(1)模拟万用表:测量二极管时,阻值较小的是二极管的正向电阻,此时万用表黑表笔所接的是二极管的正极,红表笔所接的是二极管的负极。这是因为万用表在电阻挡时,万用表的黑表笔接其内部电池的正极,红表笔接其内部电池的负极。

(2)数字万用表:与模拟万用表正好相反,测得电阻较小的一次,万用表红表笔所接的便是二极管的正极。

此外,用数字万用表测试二极管时,可将功能转换开关置于二极管测试挡,此时测得的是二极管的正向导通电压,普通开关二极管的正向导通电压在 $650 \sim 700$ mV 为正常。

用模拟万用表测试二极管的方法见表 1-11。

表 1-11　用模拟万用表测试二极管的简易方法

项目	正向电阻	反向电阻
测试方法	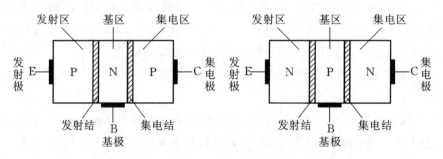	
测试情况	硅管：表针指示位置在中间或中间偏右一点。锗管：表针指示位置在右端靠近满刻度的地方，表明二极管正向特性是好的；如果表针在左端不动，则二极管内部已经断路	硅管：表针在左端基本不动，极靠近"∞"位置。锗管：表针从左端起动一点，但不超过满刻度的1/4，则表明二极管反向特性是好的，如果表针指在"0"位，则二极管内部已短路

5. 二极管耐压比较

常用的 1N4000 系列二极管耐压比较如表 1-12 所示：

表 1-12　常用的 1N4000 系列二极管耐压比较

型号	1N4001	1N4002	1N4003	1N4004	1N4005	1N4006	1N4007
耐压/V	50	100	200	400	600	800	1000
电流/A	均为 1						

◆　**五、三极管的识别和检测**

晶体三极管是半导体基本元器件之一，具有电流放大作用，是电子电路的核心元件。

1. 三极管的结构及功能

晶体三极管是在一块半导体基片上制作两个相距很近的 PN 结，两个 PN 结将半导体分成三个部分，中间部分是基区，两侧部分是发射区和集电区。

三极管按结构的不同可分为 PNP 和 NPN 两种。三极管三个极分别为基极 B、发射极 E 和集电极 C，结构如图 1-12 所示。常用三极管的封装形式有金属封装和塑料封装两大类。

图 1-12　PNP 和 NPN 型三极管的基本结构示意图

晶体三极管具有电流放大作用,其实质是三极管能以基极电流微小的变化量来控制集电极电流较大的变化量。这是三极管最基本和最重要的特性。我们将 $\Delta I_c / \Delta I_b$ 的比值称为晶体三极管的电流放大倍数,用符号"β"表示。电流放大倍数 β 对于某一只三极管来说是一个定值,但随着三极管工作时基极电流的变化,β 的阻值也会有一定的改变。

2. 三极管的管脚识别

目前,国内有许多各种类型的晶体三极管,管脚的排列不尽相同。对于在使用中不确定管脚排列的三极管,必须进行测量以确定各管脚正确的位置,或查找晶体管使用手册,明确三极管的特性及相应的技术参数等。常见晶体三极管的引脚排列如表 1-13 所示。

表 1-13　常见晶体三极管的引脚排列

类别	外形封装及引脚排列	实例	特点及应用
小功率 金属封装	(E B C) GT-3 GT-6　(E B C) TO-1　(E B C) TO-39　(C B E) TO-03	3DK2 3DJ7 3DG6C	可靠性高,散热好,造价高
小功率 塑封管	(EBC) E　(B) C EBC　(B) ECB　(CBE)	3DG6A S9013 S8050	造价低,应用广
大功率 塑封管	(E B) C TO-126　(E C) B TO-202　(B C) E TO-220　(B C E) TO-3	BD237 BU208 2SD1943	便于加散热片,造价低,应用广
大功率 金属封底	(C B E) 10.9 16.9 30.1 TO-3　(B E) 14.7 24.4 5 TO-66	3DD102C 3AD30	功率大,散热性好,造价较高

三极管的引脚排列方式具有一定的规律,如表 1-13 中的小功率金属封装三极管,使其三个引脚构成的等腰三角形的顶点向上,从左向右依次为 E、B、C;对于中小功率塑料三极管,若其平面朝向自己,三个引脚朝下放置,则从左到右依次为 E、B、C。

3. 三极管的主要参数

三极管的参数是用来表征三极管的各种性能指标和适用范围的,它是合理选用三极管的基本依据。由于制造工艺的原因,即使是同一型号的三极管,其参数的分散性也很大,通常可以通过手册或专业网站查出某一特定型号三极管的参数,实际使用时应以实测值作为依据。三极管的参数有很多,这里介绍几个主要的参数。

1) 电流放大系数

共发射极直流电流放大系数 $\bar{\beta} = I_C / I_B$。通常把输出电流变化量 ΔI_C 与输入电流变化量 ΔI_B 的比值称为共发射极交流电流放大系数,用 β 表示,即 $\beta = \Delta I_C / \Delta I_B$。显然,$\beta$ 和 $\bar{\beta}$ 是两个不同的概念。但三极管处于导通状态时,I_C 在一个相当大的范围内,$\beta \approx \bar{\beta}$。

2）极间反向电流

极间反向电流是表征三极管温度稳定性的参数。由于极间反向电流受温度影响较大，因此其值太大将不能稳定工作。极间反向电流包括：

① 集电极与基极间的反向饱和电流 I_{CBO}。

I_{CBO} 表示三极管发射极开路，集电极与基极间加上一定反向电压时的反向电流。I_{CBO} 的值很小，常温下，小功率硅管的 I_{CBO} 小于 $1\ \mu A$，小功率锗管的 I_{CBO} 小于 $10\ \mu A$。实际使用中，应尽量选用 I_{CBO} 小的三极管。

② 集电极与发射极间的穿透电流 I_{CEO}。

I_{CEO} 表示基极开路，集电极与发射间加一定电压时的电流。由于 I_{CEO} 从集电区穿过基区流至发射区，所以又称为穿透电流。因 $I_{CEO}=(1+\beta)I_{CBO}$，故 I_{CEO} 比 I_{CBO} 大得多，小功率硅管的 I_{CEO} 小于几微安，小功率锗管的 I_{CEO} 可达几十微安以上。实际使用中，应尽量选用 I_{CEO} 小的三极管。

3）极限参数

① 集电极最大允许电流 I_{CM}。

当三极管的集电极电流超过一定值时，三极管的 β 值下降。I_{CM} 表示 β 值下降到正常值 2/3 时的集电极允许的最大电流。当电流超过 I_{CM} 时，三极管的 β 值将明显下降。

② 集电极最大允许功耗 P_{CM}。

P_{CM} 是指三极管正常工作时最大允许消耗的功率。超过此值将导致三极管性能变差，甚至烧坏三极管。

③ 反向击穿电压 $U_{(BR)EBO}$。

$U_{(BR)EBO}$ 指集电极开路时，发射极与基极间的反向击穿电压，这是发射结所允许的最高反向电压，一般为几伏至几十伏。

④ 反向击穿电压 $U_{(BR)CEO}$。

$U_{(BR)CEO}$ 指基极开路时，集电极与发射极间的反向击穿电压，一般为几十伏至几百伏。当 U_{CE} 大于 $U_{(BR)CEO}$ 时，可能导致三极管损坏。

4. 三极管的三种工作状态

截止状态：当加在三极管发射结的电压小于 PN 结的导通电压时，基极电流为零，集电极电流和发射极电流都为零，三极管这时失去了电流放大作用，集电极和发射极之间相当于开关的断开状态，这种状态称为三极管的截止状态。

放大状态：当加在三极管发射结的电压大于 PN 结的导通电压，并处于某一恰当的值时，三极管的发射结正向偏置，集电结反向偏置，这时基极电流对集电极电流起控制作用，使三极管具有电流放大作用，其电流放大倍数 $\beta=\Delta I_C/\Delta I_B$，这时三极管处于放大状态。

饱和导通状态：当加在三极管发射结的电压大于 PN 结的导通电压，并且基极电流增大到一定程度时，集电极电流不再随着基极电流的增大而增大，而是处于某一定值附近不怎么变化，这时三极管失去电流放大作用，集电极与发射极之间的电压很小，集电极和发射极之间相当于开关的导通状态。三极管的这种状态称为饱和导通状态。

根据三极管工作时各个电极的电位高低，就能判别三极管的工作状态。因此，电子维修人员在维修过程中，经常要拿多用电表测量三极管各引脚的电压，从而判别三极管的工作情况和工作状态是否正常。

5. 用万用表测试三极管

可以把晶体三极管的结构看作两个背靠背的 PN 结,对于 NPN 型三极管来说,基极是两个 PN 结的公共阳极;对于 PNP 型三极管来说,基极是两个 PN 结的公共阴极,如图 1-13 所示。

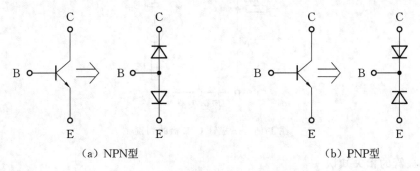

（a）NPN型　　　　　　　　　　　　（b）PNP型

图 1-13　晶体三极管结构示意图

1) 管型与基极的判别

万用表置电阻挡,量程选 $R \times 1k$(或 $R \times 100$),将万用表任一表笔先接触某一个电极——假定的公共极,另一表笔分别接触其他两个电极,如果两次测得的阻值均很小(或均很大),则前者所接电极就是基极,若两次测得的阻值一大一小,相差很多,则之前假定的基极有误,应更换其他电极重测。

根据上述方法,可以找出公共极,该公共极就是基极 B,若公共极是阳极,该管属 NPN 型三极管,反之则是 PNP 型三极管。

2) 发射极与集电极的判别

为使三极管具有电流放大作用,发射结需加正偏置,集电结加反偏置,如图 1-14 所示。

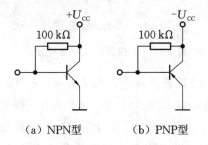

（a）NPN型　　　　（b）PNP型

图 1-14　晶体三极管的偏置情况

当三极管基极 B 确定后,便可判别集电极 C 和发射极 E,同时可以大致了解穿透电流 I_{CEO} 和电流放大系数 β 的大小。

以 PNP 型三极管为例,若用红表笔(对应表内电池的负极)接集电极 C,黑表笔接发射极 E(相当于 C、E 极间电源极性正接),如图 1-15 所示,这时万用表指针摆动很小,它所指示的电阻值反映三极管穿透电流 I_{CEO} 的大小(电阻值大,表示 I_{CEO} 小)。如果在 C、B 间跨接一只 $R_B = 100\ k\Omega$ 的电阻,此时万用表指针将有较大摆动,它指示的电阻值较小,反映了集电极电流 $I_C = I_{CEO} + \beta I_B$ 的大小,且电阻值减小愈多表示 β 愈大。如果 C、E 极接反(相当于 C、E 极间电源极性反接),则三极管处于倒置工作状态,此时电流放大系数很小(一般小于 1),于是万用表指针摆动很小。因此,通过比较 C、E 极间两种不同电源极性接法,便可判别 C 极和 E

极。同时可大致了解穿透电流 I_{CEO} 和电流放大系数 β 的大小,如万用表上有 h_{FE} 插孔(数字万用表),可利用 h_{FE} 来测量电流放大系数 β。

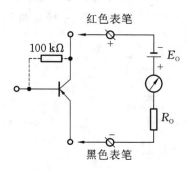

图 1-15　三极管 C、E 极的判别

6. 三极管的相关知识

三极管有三个电极,在连接成电路时必须有两个电极与输入回路相连,两个电极与输出回路相连,这样就使得其中的一个电极必须作为输入回路和输出回路的公共端。根据公共端的不同,三极管电路有三种连接方式,如图 1-16 所示。共发射极接法的公共端为发射极,输入端的一端为基极,输出端的一端为集电极;共基极接法的公共端为基极,输入端的一端为发射极,输出端的一端为集电极;共集电极接法的公共端为集电极,输入端的一端为基极,输出端的一端为发射极。

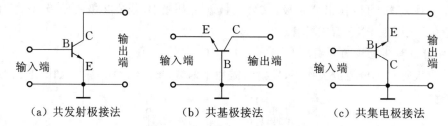

(a) 共发射极接法　　　(b) 共基极接法　　　(c) 共集电极接法

图 1-16　三极管的三种连接方式

无论采用哪一种接法,三极管若具有电流放大作用,必须满足一定的外部条件,即给三极管加合适的偏置,使发射结正偏,集电结反偏。NPN 型三极管和 PNP 型三极管所接的外部电路的电源极性正好相反,如图 1-17 所示,其中 R_B 是基极偏置电阻,R_C 是集电极电阻。当满足发射结正偏,集电结反偏时,三极管各极电位的大小关系如下。NPN 型三极管:$U_C > U_B > U_E$;PNP 型三极管:$U_E > U_B > U_C$。下面以 NPN 型管为例介绍三极管的电流分配关系和放大作用。

1) 三极管的电流分配关系

在 NPN 型三极管中,由于发射结正偏,发射区的多子(电子)不断向基区扩散,并不断地由电源得到补充,形成发射极电流 I_E。基区多子(空穴)也向发射区扩散,由于其数量极少,可以忽略。到达基区的电子由于浓度差继续向集电结方向扩散,在扩散的过程中,少部分的电子与基区中的空穴复合而消失,形成基极电流 I_B,由于基区很薄且掺杂浓度低,因而绝大多数电子都能扩散到集电结边缘,由于集电结反偏,这些电子迅速漂移过集电结,形成集电结电流 I_C,如图 1-18 所示。因此,三极管的电流分配关系为 $I_E = I_C + I_B$,且 $I_C \gg I_B$。

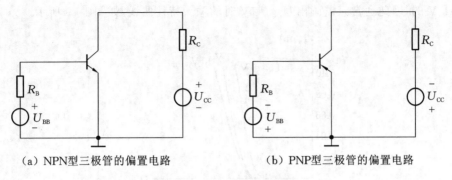

（a）NPN型三极管的偏置电路　　　（b）PNP型三极管的偏置电路

图 1-17　三极管电源的接法

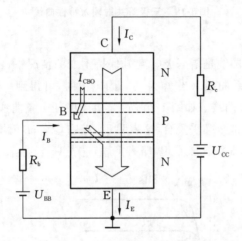

图 1-18　三极管的电流分配关系

2）三极管的电流放大作用

当发射结正向偏置电压发生变化时，从发射区扩散到基区的载流子数也将随之改变，从而使集电极电流发生相应的变化。I_B 很小的变化就能引起 I_C 较大的变化，这就是三极管的电流放大作用。通常用 I_C 与 I_B 的比值来表示三极管的电流放大能力，用 $\bar{\beta}$ 来表示，称为共发射极直流电流放大系数，$\bar{\beta}=I_C/I_B$。若考虑到集电区和基区少数载流子漂移运动形成的集电结反向饱和电流 I_{CBO}，则 I_C 与 I_B 的关系为

$$I_C=\bar{\beta}I_B+(1+\bar{\beta})I_{CBO}=\bar{\beta}I_B+I_{CEO}$$

式中的 I_{CEO} 称为穿透电流，它是基极开路时集电极和发射极之间的电流。

3）三极管的特性曲线

三极管的各极电压与电流之间的关系曲线称为特性曲线，采用共发射极接法的三极管特性曲线称为共射特性曲线。

① 共射输入特性曲线。

三极管共射输入特性曲线是指集电极和发射极之间的电压 U_{CE} 保持不变的情况下，三极管的基极电流 I_B 与基极电压 U_{BE} 之间的关系曲线。

由于发射结是一个正向偏置的 PN 结，因此输入特性曲线与二极管的正向伏安特性相似，也是非线性的。当 U_{CE} 由零开始逐渐增大时，输入特性曲线明显右移，当 U_{CE} 的数值增至较大时（如 $U_{CE}\geq1$ V），各条曲线右移却不明显，且基本重合。由于实际使用时，U_{CE} 一般总

是大于 1 V 的,因此通常只需画出 $U_{CE}=1$ V 时的输入特性曲线,如图 1-19 所示。

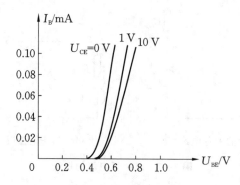

图 1-19 三极管共射输入特性曲线

② 共射输出特性曲线。

三极管共射输出特性曲线是指基极电流 I_B 保持不变的情况下,三极管的集电极电流 I_C 与集电极电压 U_{CE} 之间的关系曲线。当 I_B 为某一固定值时,可得到一条输出特性曲线,改变 I_B 值,则可得到一族输出特性曲线。如图 1-20 所示,由图中任一条曲线可以看出,曲线起始部分较陡且不同 I_B 的曲线上升部分几乎重合,这表明 U_{CE} 略有增大,I_C 就增加很快,I_C 几乎不受 I_B 的控制。当 U_{CE} 大于 1 V 后,曲线比较平坦,略有上翘,这表明当 U_{CE} 较大时,I_C 受 I_B 的控制。

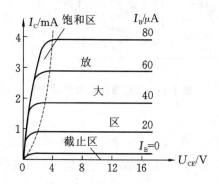

图 1-20 三极管共射输出特性曲线

共射输出特性曲线可以分为三个区域:

a. 截止区。

通常把 $I_B=0$ 时的输出特性曲线与横轴之间的区域称为截止区。截止区的特点是:发射结反偏或正向电压小于死区电压,集电结反偏。三极管处于截止状态时,$I_B=0$,$I_C=I_{CEO}\approx0$,E 极和 C 极之间近似开关断开的状态。

b. 饱和区。

临界饱和线(图 1-20 中虚线)和纵轴之间的区域称为饱和区。饱和区的特点是:发射结、集电结都正偏。三极管处于饱和状态时,I_C 不随 I_B 的增大而变化,三极管失去电流的放大作用,且 U_{CE} 较小,称为饱和压降 U_{CES},硅管的 U_{CES} 约为 0.3 V,锗管的 U_{CES} 约为 0.1 V,E 极和 C 极之间近似开关闭合的状态。

c. 放大区。

截止区和饱和区之间的部分就是放大区。放大区的特点是:发射结正偏,集电结反偏。三极管处于放大状态时,I_C 主要受 I_B 控制,$I_C=\bar{\beta}I_B$,与 U_{CE} 的大小基本无关,三极管具有电流放大作用。在模拟电子电路中,三极管主要工作在放大区。

◆ 六、可控硅的识别和检测

可控硅在自动控制、机电应用、工业电气及家电等方面都有广泛的应用。可控硅是一种有源开关元件,平时它保持在非导通状态,直到一个较小的控制信号对其触发(或称"点火")使其导通,一旦导通,就算撤离触发信号,它也保持在导通状态。要使其截止,可在其阳极与阴极间加上反向电压或将流过可控硅二极管的电流减小到某一个值以下。

1. 可控硅的结构与特性

不管可控硅的外形如何,它们的管芯都是由 P 型硅和 N 型硅组成的 P1N1P2N2 四层结构,见图 1-21。它有三个 PN 结(J1、J2、J3),从 P1 层引出阳极 A,从 N2 层引出阴极 K,从 P2 层引出控制极 G,所以它是一种四层三端的半导体器件。

可控硅可用两个不同极性的晶体管(P-N-P 和 N-P-N)来模拟,如图 1-22 所示。

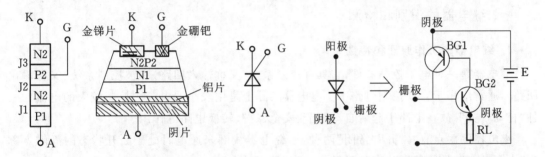

图 1-21　可控硅结构示意图和符号图　　　　图 1-22　用两只晶体管模拟可控硅

可控硅的基本伏安特性如图 1-23 所示。

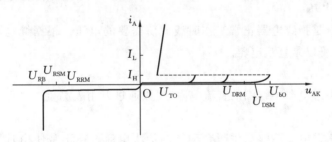

图 1-23　可控硅基本伏安特性

2. 用万用表检测可控硅

可控硅分单向可控硅和双向可控硅两种,都是三个电极。单向可控硅有阴极(K)、阳极(A)、控制极(G)。双向可控硅等效于两只单向可控硅反向并联而成,即其中一只单向硅的阳极与另一只的阴极相连,引出端称 T_1 极;其中一只单向硅的阴极与另一只的阳极相连,引出端称 T_2 极,剩下的则为控制极(G)。

1)单、双向可控硅的判别

先任测两个极,若正、反测指针均不动($R \times 1$ 挡),可能是 A、K 或 G、A 极(单向可控硅),也可能是 T_2、T_1 或 T_2、G 极(双向可控硅)。若其中有一次测量值为几十至几百欧,则必为单向可控硅,且红笔所接为 K 极,黑笔所接为 G 极,剩下的即为 A 极。若正、反向测量值均为几十至几百欧,则必为双向可控硅,再将旋钮拨至 $R\times1$ 或 $R\times10$ 挡复测,其中必有一次阻值稍大,则稍大的一次红笔所接为 G 极,黑笔所接为 T_1 极,余下的是 T_2 极。

2)性能的差别

将旋钮拨至 $R\times1$ 挡,对于 1~6 A 单向可控硅,红笔接 K 极,黑笔同时接通 G、A 极,在保持黑笔不脱离 A 极的状态下断开 G 极,指针应指示几十欧至一百欧,此时可控硅已被触发,且触发电压低(或触发电流小)。然后瞬时断开 A 极再接通,指针应退回"∞"位置,则表明可控硅良好。

对于 1~6 A 双向可控硅,红笔接 T_1 极,黑笔同时接 G、T_2 极,在保证黑笔不脱离 T_2 极的前提下断开 G 极,指针应指示几十至一百多欧(视可控硅电流大小、厂家不同而异)。然后将两笔对调,重复上述步骤测一次,若指针指示还要比上一次大十几至几十欧,则表明可控硅良好,且触发电压(或电流)小。若保持接通 A 极或 T_2 极时断开 G 极,指针立即退回"∞"位置,则说明可控硅触发电流太大或损坏。

◆ 七、继电器的识别和检测

1. 继电器的工作原理和特性

继电器是一种电子控制器件,它具有控制系统(又称输入回路)和被控制系统(又称输出回路),通常应用于自动控制电路中。继电器实际上是用较小的电流去控制较大的电流的一种"自动开关",故在电路中起着自动调节、安全保护、转换电路等作用。

继电器的触点有"常开""常闭"两种:当继电器线圈未通电时处于断开状态的静触点称为"常开触点",处于接通状态的静触点称为"常闭触点"。

2. 继电器的主要技术参数

1)额定工作电压

额定工作电压是指继电器正常工作时线圈所需要的电压。根据继电器的型号不同,可以是交流电压,也可以是直流电压。

2)直流电阻

直流电阻是指继电器中线圈的直流电阻,可以通过万用表测量。

3)吸合电流

吸合电流是指继电器能够产生吸合动作的最小电流。在正常使用时,给定的电流必须略大于吸合电流,这样继电器才能稳定工作。而对于线圈施加的工作电压,一般不要超过额定工作电压的 1.5 倍,否则会产生较大的电流而把线圈烧毁。

4)释放电流

释放电流是指继电器产生释放动作的最大电流。当继电器吸合状态的电流减小到一定程度时,继电器就会恢复到未通电的释放状态,这时的电流远远小于吸合电流。

5)触点切换电压和电流

触点切换电压和电流是指继电器允许加载的电压和电流。它决定了继电器能控制电压和电流的大小,使用时不能超过此值,否则很容易损坏继电器的触点。

3. 继电器的测试

1)测触点电阻

用万用表的电阻挡测量常闭触点与动点间的电阻,其阻值应为 0;而常开触点与动点间的阻值就为无穷大。由此可以判断哪个是常闭触点,哪个是常开触点。

2)测线圈电阻

用万用表 $R \times 10$ 挡测量继电器线圈的阻值,从而判断该线圈是否存在开路现象。

3)测量吸合电压和吸合电流

用可调稳压电源和电流表给继电器输入一组电压,且在供电回路中串入电流表进行监测。慢慢调高电源电压,听到继电器吸合声时,记下该吸合电压和吸合电流。为求准确,可以多测量几次,再求平均值。

4)测量释放电压和释放电流

连接及测试方法同上,当继电器发生吸合后,再逐渐降低供电电压,当听到继电器再次发生释放声音时,记下此时的电压和电流,亦可尝试多测几次而取得释放电压和释放电流的平均值。一般情况下,继电器的释放电压约为吸合电压的 $10\%\sim50\%$,如果释放电压太小(小于1/10的吸合电压),则继电器不能正常使用,这样会对电路的稳定性造成威胁,使电路工作不可靠。

4. 继电器的选用

(1)先了解必要的条件:①控制电路的电源电压,能提供的最大电流;②被控制电路中的电压和电流;③被控电路需要几组,采用什么形式的触点。选用继电器时,一般控制电路的电源电压可作为选用的依据。控制电路应能给继电器提供足够的工作电流,否则继电器吸合是不稳定的。

(2)可查阅相关资料,确定使用条件,找出需要的继电器的规格型号。若手头已有继电器,可依据资料进行核对,确认是否可以利用,最后考虑尺寸是否合适。

(3)注意器具的容积。若用于一般电器,除考虑机箱容积外,小型继电器主要考虑电路板安装布局。对于小型电器,如玩具、遥控装置等,则应选用超小型继电器。

 任务评价

技能测试:常用电子元器件的识别与检测

(1)万用表欧姆挡测量电阻。

分别用模拟表和数字表测量电阻,结果填入表 1-14。

表 1-14　电阻测量(万用表)

电阻标称值		6.8 Ω	120 Ω	4.7 kΩ	100 kΩ	510 kΩ
模拟万用表	挡位					
	读数					
数字万用表	挡位					
	读数					

(2)LCR 电桥测量电抗元件。

测试前进行仪表校准。测量基本条件:激励源电平 1 V,等效方式为串联等效。

① 电阻测量:测量结果填入表 1-15。

表 1-15　电阻测量(LCR 电桥)

标称值	测量频率			平均值
	100 Hz	1 kHz	10 kHz	
6.8 Ω				
120 Ω				
4.7 kΩ				
100 kΩ				
510 kΩ				

② 电容测量:测量结果填入表 1-16。

表 1-16　电容测量(LCR 电桥)

标称值		测量频率			平均值
		100 Hz	1 kHz	10 kHz	
47 pF	C				
	D(损耗因数)				
1000 pF	C				
	D(损耗因数)				
220 μF	C				
	D(损耗因数)				

③ 电感测量:测量结果填入表 1-17。

表 1-17　电感测量(LCR 电桥)

标称值		测量频率			平均值
		100 Hz	1 kHz	10 kHz	
15 μH	L				
	Q(品质因数)				
120 μH	L				
	Q(品质因数)				

(3)二极管的识别。

假定二极管的 2 个管脚为 1 脚、2 脚,按表 1-18 的内容用万用表对二极管 1N4148 进行测试、判别。

表 1-18　二极管测试

二极管符号	指针式万用表测电阻值		极性判别	数字式万用表测正向压降	
	红表笔接 1 脚	红表笔接 2 脚		红表笔位置	正向压降

（4）三极管的识别。

用万用表的电阻挡判别三极管 2SC9014、2SC9015 的极性和 E、B、C 三脚，并用万用表的 h_{EF} 挡测量 β 值。

 知识拓展

知识链接：元器件知识网络资源库

21IC 电子网：http://www.21ic.com/

华强电子网：http://www.hqew.com/

中国 IC 网：http://www.ic37.com/

维库电子市场网：http://www.dzsc.com/

任务 2

常用电子仪器仪表的使用训练

知识目标

通过相关电子仪器仪表的使用训练,对电子仪器仪表的工作原理有一定的了解。

素养目标

(1) 了解我国常用测量电子仪器仪表的现状,培养爱国意识。

(2) 理解电子仪器仪表的使用,提高安全规范意识。

技能目标

(1) 学会万用表的使用方法。

(2) 学会示波器的使用方法。

(3) 学会交流毫伏表的使用方法。

(4) 学会直流稳压电源的使用方法。

(5) 学会晶体管图示仪的使用方法。

(6) 学会 RLC 数字电桥的使用方法。

(7) 学会数字存储示波器的使用方法。

工 作 任 务

任务名称　常用电子仪器仪表的使用训练。

通过常用电子仪器仪表的使用训练,掌握常用电子仪器仪表的使用方法。

任务背景

电子设备的装配、调试、检测与维修等,都要用到相关的电子仪器仪表。

环境条件

【训练场所】电子测量实验室。

【训练设备】常用电子仪器仪表,如数字万用表、双踪示波器、RLC 数字电桥、晶体管特性测试仪等。

 任务实施

◆ 一、万用表的使用

万用表具有用途多、量程广、使用方便等优点,是电子产品调试、检测、维修过程中最常用的工具。万用表种类较多,主要有指针式和数字式两类,外形如图 2-1、图 2-2 所示。

图 2-1　指针式万用表　　　　　图 2-2　数字式万用表

万用表一般都具有测量电流(交流、直流)、电压(交流、直流)、电阻等基本功能。大部分数字万用表还可以测量二极管的正向导通电压、三极管的电流放大倍数(h_{FE})、电容器的容量等电参数。

1. 电压的测量

将万用表转换开关拨至电压挡上,测交流电压拨至交流挡,测直流电压拨至直流挡。

1) 调零(数字表不用调零)

测量时万用表水平放置,当指针不在零刻度时,可以用起子轻轻转动表盘上的机械调零螺丝,使指针指在零刻度位置。

2) 选择量程

测量时要预先估算被测电压的数值,选择合适的量程。在电压的大小未知时,先旋置最高挡位,再做调整,以免损坏仪表。

3) 表笔连接

测量时要把电压表并联到被测量的元件或被测电路的两端,红表笔接在被测电路的高电位端,黑表笔接在被测电路的低电位端。

4) 读数

如为模拟表,则根据仪表指针最后停留的位置,按指示刻度读出相对应的电压值,读数时要注意使眼、指针和刻度成一条直线,否则读数就会产生误差。如为数字表,则直接进行读数,但要注意挡位的单位。

2. 电流的测量

将万用表转换开关拨至电流挡,根据被测电流的大小选择合适的量程,如果不知道被测电流的大小,先选择最高挡。万用表的红黑表笔要串联到被测电路中,电流应该从红表笔流入,从黑表笔流出。当指针反向偏转时,应将两表笔交换位置,再读取读数。被测电流的正负由电流的参考方向与实际方向是否一致来决定,具体步骤同电压的测量。

3. 电阻的测量

指针式万用表内部一般有两块电池,一块电池为低电压1.5 V,一块电池为高电压9 V或15 V,其黑表笔相对红表笔来说是正端。在电阻低挡位,指针式万用表的表笔输出电流相对数字式万用表来说要大很多,用$R\times1\ \Omega$挡可以使扬声器发出响亮的"哒"声,用$R\times10\ \mathrm{k}\Omega$挡甚至可以点亮发光二极管(LED)。使用指针式万用表测电阻的步骤如下。

(1) 测量电阻之前,应首先把红、黑表笔短接,调节指针到欧姆标尺的零位上,如果将两只表笔短接后指针仍调整不到欧姆标尺的零位,则说明应更换万用表内部的电池。每次换挡后,应再次调整欧姆挡调零旋钮,之后再测量。长期不用万用表时,应将电池取出,以防止电池受腐蚀而影响表内其他元件。

(2) 电阻挡的每一个量程都可以测量$0\sim\infty$的电阻值。欧姆表的标尺刻度是非线性、不均匀的倒刻度,是用标尺弧长的百分数来表示的。选择不同的电阻量程,测量误差相差很大。因此,在选择量程时,要尽量使被测电阻值处于量程标尺弧长的中心部位,即全刻度起始的$20\%\sim80\%$弧度范围内。这样,测量精度会高一些。

(3) 测量某电阻时,一定要使被测电阻不与其他电路有任何接触,也不要用手接触表笔的导电部分,以免影响测量结果。

数字表则常用一块6 V或9 V的电池,其红表笔相对黑表笔来说是正端。使用数字式万用表测量时,若显示屏显示"1",则表示量程选得太小,应调大量程,直至有读数显示。

4. 万用表使用的注意事项

使用万用表时应注意以下几点。

（1）在使用指针式万用表之前，应先进行"机械调零"，即在没有被测电量时，使万用表指针指在零电压或零电流的位置上。

（2）在使用万用表的过程中，不能用手去接触表笔的金属部分，这样一方面可以保证测量的准确性，另一方面可以保证人身安全。

（3）在测量某一电量时，不能在测量的同时换挡，尤其在测量高电压或大电流时更应注意，否则会损坏万用表。如需换挡，应先断开表笔，换挡后再去测量。

（4）在使用万用表时，必须水平放置，以免造成误差。同时要注意避免外界磁场对万用表的影响。

（5）使用完毕，指针式万用表应将转换开关置于交流电压的最大挡，数字式万用表应切断电源。如果长期不使用，还应将万用表内部的电池取出来，以免电池腐蚀表内其他器件。

◆ 二、示波器的使用

示波器是一种用途十分广泛的电子测量仪器，它能把肉眼看不见的电信号变换成看得见的图像，便于人们研究各种电现象的变化过程，其外形如图2-3所示。示波器利用高速电子束，打在涂有荧光物质的屏面上产生细小的光点。在被测信号的作用下，电子束就好像一支笔的笔尖，可以在屏面上描绘出被测信号瞬时值的变化曲线。利用示波器能观察各种不同信号幅度随时间变化的波形曲线，还可以测试各种不同的电量，如电压、电流、频率、相位差、调幅度等。

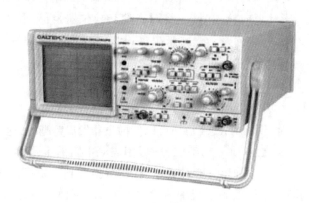

图 2-3　模拟示波器

1. 示波器的基本结构

普通示波器由五个部分组成：显示电路、垂直（Y 轴）放大电路、水平（X 轴）放大电路、扫描与同步电路、电源供给电路。其基本组成框图如图2-4所示。

1）显示电路

显示电路包括示波管及其控制电路两个部分。示波管的内部结构如图2-5所示。由图可见，示波管由电子枪、偏转系统和荧光屏3个部分组成。电子枪用于产生并形成高速、聚束的电子流，去轰击荧光屏使之发光。偏转系统大都是静电偏转式，它由水平偏转板和垂直偏转板组成，分别控制电子束在水平方向和垂直方向的运动。荧光屏内壁涂有一层发光物质，受到高速电子冲击的地方就会显现出荧光。因此，在使用示波器时，不宜让很亮的光点固定出现在示波管荧光屏同一个位置上，否则该位置的荧光物质将因长期受电子冲击而烧坏，从而失去发光能力。

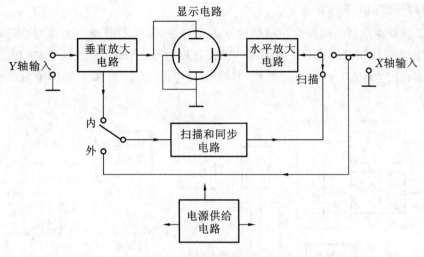

图 2-4　示波器基本组成框图

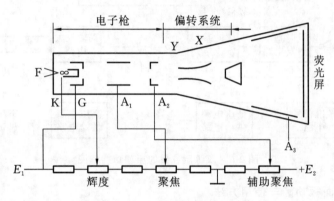

图 2-5　示波管内部结构示意图

2）垂直（Y 轴）放大电路

由于示波管的偏转灵敏度较低，因此一般的被测信号电压都要先经过垂直放大电路的放大，再加到示波管的垂直偏转板上，以得到垂直方向的适当大小的图形。

3）水平（X 轴）放大电路

由于示波管水平方向的偏转灵敏度也很低，所以接入示波管水平偏转板的电压（锯齿波电压或其他电压）也要先经过水平放大电路的放大以后，再加到示波管的水平偏转板上，以得到水平方向适当大小的图形。

4）扫描与同步电路

扫描电路产生一个锯齿波电压，其频率能在一定的范围内连续可调。锯齿波电压的作用是使示波管阴极发出的电子束在荧光屏上形成周期性的、与时间成正比的水平位移，即形成时间基线。这样，才能把加在垂直方向的被测信号随时间变化的波形同步展现在荧光屏上。

5）电源供给电路

电源供给电路供给垂直与水平放大电路、扫描与同步电路以及示波管与控制电路所需的负高压、灯丝电压等。

2. 双踪示波器的基本组成

图 2-6 是双踪示波器的原理功能框图。由图可见,双踪示波器主要由两个通道的 Y 轴前置放大电路、门控电路、电子开关、混合电路、延迟电路、Y 轴后置放大电路、触发电路、扫描电路、X 轴放大电路、Z 轴放大电路、校准信号电路、示波管和高低压电源供给电路等组成。

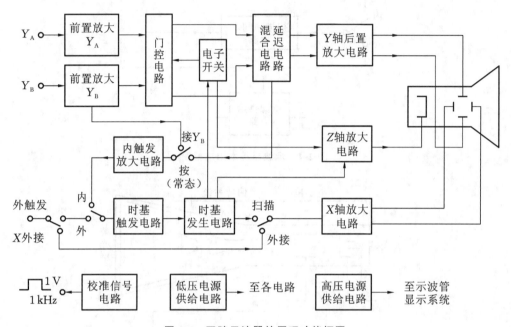

图 2-6 双踪示波器的原理功能框图

3. 示波器的面板功能与使用方法

示波器有许多种类,但其面板功能与使用方法基本是相同的。下面以 CA8022 型示波器为例进行介绍。

CA8022 型示波器为便携式双通道示波器。该示波器垂直系统具有 0～20 MHz 的频带宽度和 5 mV/DIV～5V/DIV 的偏转灵敏度,配以 10∶1 探极,灵敏度可达 50 V/DIV;在全频带范围内可获得稳定触发,触发方式设有常态、自动、TV 和峰值自动,内触发设置了交替触发,可以稳定地显示两个频率不相关的信号;水平系统具有 0.1 s/DIV～0.1 μs/DIV 的扫描速度,并设有扩展×10,可将最快扫描速度提高到 10 ns/DIV。

对示波器使用方法的掌握,主要是通过熟悉示波器面板上各开关与旋钮等控制件的功能来实现的。示波器面板通常可分为 3 大部分:显示、垂直(Y 轴)、水平(X 轴)。现分别介绍这 3 个部分的控制装置的作用。

(1) 显示部分主要控制件如下。

① 辉度:调节光点亮度。

② 辅助聚焦:配合"聚焦"旋钮调节光迹的清晰度。

③ 聚焦:调节光点或波形清晰度。

④ 迹线旋转:调节光迹与水平刻度线平行。

⑤ 标准信号输出(校正信号):提供幅度为 0.5 V、频率为 1 kHz 的方波信号,用于校正 10∶1 探极的补偿电容器和检测示波器的垂直与水平偏转因数。

⑥ 电源指示灯:电源接通时灯亮。

⑦ 电源开关:通断示波器电源。

(2) Y 轴插件部分主要控制件如下:

① CH1 移位/PULL,CH1-X,CH2-Y:调节通道 1 光迹在屏幕上的垂直位置,拉出时用作 X-Y 显示。

② CH2 移位/PULL,INVERT:调节通道 2 光迹在屏幕上的垂直位置,在 ADD 方式时使 CH1+CH2 或 CH1—CH2(拉出状态,CH2 倒相显示)。

③ 显示方式选择开关:用以转换两个 Y 轴前置放大器 Y_A 与 Y_B 工作状态的控制件,具有五种不同的显示方式:

● CH1 或 CH2:显示方式开关置于"CH1"或者"CH2"时,表示示波器处于单通道工作,此时示波器的工作方式相当于单踪示波器,即只能单独显示"CH1"或"CH2"通道的信号波形。

● ALT:两个通道交替显示。电子开关受扫描信号控制转换,每次扫描都轮流接通 CH1 或 CH2 信号。被测信号的频率越高,扫描信号频率也越高,电子开关转换速率也越快,不会发生闪烁现象。这种工作状态适用于观察两个工作频率较高的信号。

● CHOP:两个通道断续显示。电子开关不受扫描信号控制,产生频率固定为 200 kHz 的方波信号,使电子开关快速交替接通 Y_A 和 Y_B。由于开关动作频率高于被测信号频率,因此屏幕上显示的两个通道信号波形是断续的。当被测信号频率较高时,断续现象十分明显,甚至无法观测;当被测信号频率较低时,断续现象被掩盖。因此,这种工作状态适合于观察两个工作频率较低的信号。

● ADD:示波器将显示两路信号叠加的波形(代数和或差,取决于 CH2 是否拉出)。

④ CH1 垂直衰减器:CH1 通道垂直偏转灵敏度粗调装置。

⑤ CH2 垂直衰减器:同 CH1 垂直衰减器。

⑥ CH1 垂直衰减微调:用于连续调节 CH1 通道垂直偏转灵敏度。连续调节"微调"电位器,可实现各挡级之间的灵敏度覆盖,在进行定量测量时,此旋钮应置于顺时针满度的"校准"位置,此时可根据粗调旋钮的示值(V/DIV)和波形在垂直轴方向上的格数读出被测信号幅值。

⑦ CH2 垂直衰减微调:同 CH1 垂直衰减微调。

⑧ CH1 耦合方式:用于选择被测信号输入垂直通道的耦合方式(AC-DC-GND)。

● 直流(DC)耦合:适用于观察包含直流成分的被测信号,如信号的逻辑电平和静态信号的直流电平。

● 交流(AC)耦合:信号中的直流分量被隔断,用于观察信号的交流分量,如观察较高直流电平上的小信号。

● 接地(GND):通道输入端接地(输入信号断开),用于确定输入为零时光迹所处位置。

⑨ CH2 耦合方式:用于选择被测信号输入垂直通道的耦合方式(AC-DC-GND)。

⑩ CH1:被测信号的输入插座。

⑪ CH2:被测信号的输入插座。

⑫ 接地:接地端。

(3) X 轴插件部分主要控件如下:

① 外触发输入:在使用外触发时,作为连接外触发信号的插座,也可以作为 X 轴放大器

外接时的信号输入插座。

② 内触发源选择：用于选择 CH1、CH2 或交替触发。

③ 触发源选择：用于选择触发源为 INT（内）、EXT（外）或 LINE（电源）。

④ 触发极性开关：用于选择触发信号的上升部分或下降部分对扫描电路进行触发。

⑤ 触发电平旋钮：用于选择输入信号波形的触发点。具体地说，就是调节开始扫描的时间，决定扫描在触发信号波形的哪一点上被触发。顺时针方向旋动时，触发点趋向信号波形的正向部分，逆时针方向旋动时，触发点趋向信号波形的负向部分。

⑥ 扫描速率微调旋钮：当"微调"电位器沿顺时针方向旋转到底，即处于"校准"位置时，"T/DIV"的指示值就是扫描速度的实际值。

⑦ 扫描速率"T/DIV"：扫描速度选择开关，用于调节扫描速度（粗调）。

⑧ 触发方式开关：用以选择不同的触发方式，以适应不同的被测信号与测试目的。

● 常态（NORM）：采用来自 Y 轴或外接触发源的输入信号进行触发扫描，是常用的触发扫描方式。无信号时，屏幕上无显示；有信号时，与电平控制配合显示稳定波形。

● 自动（AUTO）：扫描处于自动状态，不必调整电平旋钮也能观察到波形，操作方便，有利于观察较低频率的信号。无信号时，屏幕上显示光迹；有信号时，与电平控制配合显示稳定波形。

● 电视场（TV）：用于显示电视场信号。

● 峰值自动（P-P AUTO）：无信号时，屏幕上显示光迹；有信号时，无须调节电平便能获得稳定波形，显示一般选用"常态"和"自动"两种方式。

⑨ 触发指示：在触发扫描时，指示灯亮。

⑩ 水平移位（PULL×10）：X 轴位置调节旋钮，调节迹线在屏幕上的水平位置，拉出时扫描速度被扩展 10 倍。

扫描速率微调旋钮按顺时针方向旋转至校正位置时，可根据粗调旋钮的示值（T/DIV）和波形在水平轴方向上的格数读出被测信号的时间参数。当需要观察波形某个细节时，可进行水平扩展×10，此时原波形在水平轴方向上被扩展 10 倍。

在示波器的使用过程中，除了要熟悉上述面板控件的功能与作用外，在初次使用前或久藏复用时，还要对示波器进行一次简单检查，以确定其能否正常工作，并进行扫描电路稳定度、垂直放大电路直流平衡的调整。

将示波器接通电源，电源指示灯亮，稍预热后，屏幕上出现扫描光迹，分别调节亮度、聚焦、辅助聚焦、迹线旋转、垂直、水平移位等控制件，使光迹清晰并与水平刻度平行。

示波器在进行电压和时间的定量测试时，还必须进行垂直放大电路增益和水平扫描速度的校准。其方法是用示波器的输入探头直接测量示波器输出的标准信号，将所测信号波形的幅度和周期的数值，与标准信号的幅度和周期的数值进行比照和调校。

◆ 三、函数信号发生器的使用

函数信号发生器用于产生各种频率可调的正弦波、方波、三角波、锯齿波、正负脉冲信号以及调频、调幅信号，其输出信号的幅度也可连续调节。在测量许多电参数时，常选用函数信号发生器作为信号源。函数信号发生器的外形如图 2-7 所示。

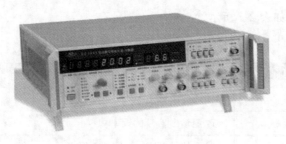

图 2-7　函数信号发生器

1. 函数信号发生器的基本组成

函数信号发生器的基本组成如图 2-8 所示。它主要由正、负电流源，电流开关，时基电容，方波形成电路，正弦波形成电路，放大电路等部分组成。

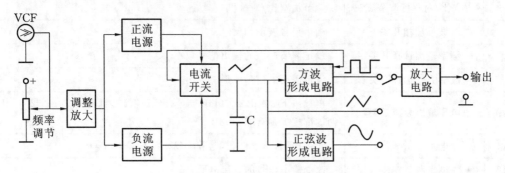

图 2-8　函数信号发生器的基本组成

函数信号发生器的工作原理是：正、负电流源由电流开关控制，对时基电容 C 进行恒流充电和恒流放电。当电容恒流充电时，电容两端电压随时间线性增长。当电容恒流放电时，其两端电压随时间线性下降。因此，在电容两端得到三角波电压。三角波电压再经方波形成电路得到方波，经正弦波形成电路转变为正弦波，最后经放大电路放大后输出。

2. 函数信号发生器的面板结构及功能

现以 YB1638 型函数信号发生器为例进行介绍，该函数信号发生器的面板如图 2-9 所示。

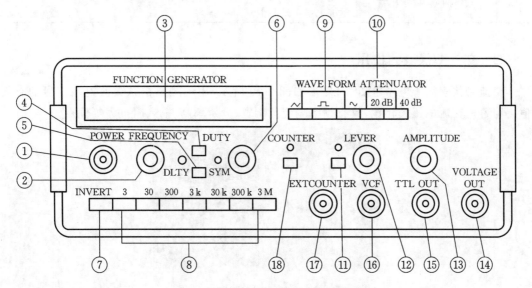

图 2-9　YB1638 型函数发生器面板图

各部分功能说明如表 2-1 所示。

表 2-1　YB1638 型函数发生器面板功能表

序号	控制件名称	功能说明
1	电源开关	接通或断开电源
2	频率调节旋钮	改变输出信号的频率
3	LED 显示屏	显示信号频率,以 kHz 为单位
4	占空比控制开关	按下此键,占空比或对称度选择开关方起作用
5	占空比/对称度选择开关	选择占空比或对称度。该键未按,则为占空比调节状态;该键按下,则为对称度调节状态
6	占空比/对称度调节旋钮	调节占空比/对称度
7	波形反相开关	输出信号波形相反
8	频率范围选择开关	设定需要产生的输出信号频率
9	波形方式选择开关	设定需要的信号波形
10	电压输出衰减开关	单独按下 20 dB 或 40 dB 键,输出信号较之前衰减 20 dB 或 40 dB;两键都按下则衰减 60 dB
11	电平控制开关	此键按下,指示灯亮,电平调节旋钮方起作用
12	电平调节旋钮	改变输出信号的直流电平
13	输出幅度调节旋钮	改变输出电压大小
14	电压输出插座	输出仪器产生的信号电压
15	TTL 方波输出插座	专门为 TTL 电路提供的具有逻辑高电平(3 V)、低电平(0 V)的方波输出插座
16	外接调频电压输入插座	调频电压的幅度范围为 0~10 V
17	外测信号输入插座	输入需要测量频率的外部信号,可以测量的最高频率为 10 MHz
18	频率测量内/外开关	未按(常态)时,显示屏上显示本仪器输出信号的频率;按下时,显示屏上显示外测信号的频率

◆　**四、交流毫伏表的使用**

交流毫伏表属于电子电压表,外形如图 2-10 所示,用于测量正弦交流电压信号的有效值。与普通交流电压表相比,具有频率响应范围宽、分辨率高、输入阻抗大等优点。

图 2-10　交流毫伏表

1. 交流毫伏表的结构与功能

晶体管毫伏表由输入保护电路、前置放大器、衰减控制器、放大器、表头指示放大电路、整流器、监视输出及电源组成。输入保护电路用来保护该电路的场效应管。衰减控制器用来控制各挡衰减的接通,使仪器在整个量程内均能实现高精度工作。整流器是将放大了的交流信号进行整流,整流后的直流电流再送到表头。监视输出功能主要用来检测仪器本身的技术指标是否符合出厂要求,同时可作为放大器使用。

常用的单通道交流毫伏表具有测量交流电压、电平测试、监视输出等三大功能。NW2172 型低频交流毫伏表交流电压测量范围是 100 μV～300 V、5 Hz～2 MHz,分 1 mV、3 mV、10 mV、30 mV、100 mV、300 mV、1 V、3 V、10 V、30 V、100 V、300 V 12 挡;电平测量范围是－60～＋50 dB。

2. 交流毫伏表的使用方法

1) 开机前的准备工作

① 将通道输入端测试探头上的红、黑色鳄鱼夹短接。

② 将量程开关调至最高量程(300 V)。

2) 交流毫伏表的操作步骤

① 接通 220 V 电源,按下电源开关,电源指示灯亮,仪器立刻工作。为了保证仪器的稳定性,需预热 10 秒钟后使用,开机后 10 秒钟内指针无规则摆动属正常。

② 将输入端测试探头上的红、黑鳄鱼夹断开后与被测电路并联(红鳄鱼夹接被测电路的正端,黑鳄鱼夹接地端),观察表头指针在刻度盘上所指的位置,量程从高向低变换,直到表头指针偏转到满刻度的 2/3 左右为止。

③ 准确读数。表头刻度盘上共刻有四条刻度,第一条刻度和第二条刻度为测量交流电压有效值的专用刻度,第三条刻度和第四条刻度为测量分贝值的刻度。当量程开关选 1 mV、10 mV、100 mV、1 V、10 V、100 V 时,从第一条刻度读数;当量程开关选 3 mV、30 mV、300 mV、3 V、30 V、300 V 时,应从第二条刻度读数(逢 1 从第一条刻度读数,逢 3 从第二条刻度读数)。例如:当量程开关置于"1 V"挡时,从第一条刻度读数,若指针指在第一条刻度的"0.7"处,其实际测量值为 0.7 V;当量程开关置于"3 V"挡时,从第二条刻度读数,若指针指在第二条刻度的"2"处,其实际测量值为 2 V。

当用交流毫伏表去测量外电路中的电平值时,就从第三、四条刻度读数,读数方法是,量程数加上指针指示值等于实际测量值。

3. 交流毫伏表的使用注意事项

使用交流毫伏表时应注意以下几点。

(1) 仪器在通电之前,一定要将输入电缆的红、黑鳄鱼夹相互短接。交流毫伏表灵敏度较高,打开电源后,在较低量程时由于干扰信号(感应信号)的作用,指针会发生偏转,称为自起现象。所以在不测试信号时应将量程旋钮旋到较高量程挡,以防打弯指针。

(2) 测量前应短路调零。打开电源开关,将测试线(也称开路电缆)的红、黑夹子夹在一起,将量程旋钮旋到 1 mV 量程,指针应指在零位(有的毫伏表可通过面板上的调零电位器进行调零,凡面板无调零电位器的,内部设置的调零电位器已调好)。若指针没有指在零位,应检查测试线是否断路或接触不良,若测试线有问题应更换测试线。

（3）当不知道被测电路中的电压值大小时，必须将交流毫伏表的量程开关置于最高量程，然后根据表针所指的范围，采用递减法合理选挡。

（4）若要测量高电压，输入端黑色鳄鱼夹必须接在"地"端。

（5）交流毫伏表接入被测电路时，其地端（黑色鳄鱼夹）应始终接在电路的公共接地端，以防干扰。

（6）交流毫伏表只能用来测量正弦交流信号的有效值，对于非正弦交流信号，要经过换算才能得到其有效值。

（7）注意：不可用万用表的交流电压挡代替交流毫伏表测量交流电压（指针式万用表内阻较低，只适用于测量 50 Hz 左右的工频电压，数字式万用表的内阻较高，可达 10 MΩ，但只适用于测试频率在 400 Hz 以下的交流信号）。

◆ 五、直流稳压电源的使用

直流可调稳压电源可为电路提供工作电源，它不但有较完善的保护电路，而且有直观的电流、电压显示，其外形如图 2-11 所示。

图 2-11　直流可调稳压电源

下面以 CA1713 型双路直流稳压电源为例介绍直流稳压电源的使用方法，该机面板如图 2-12 所示。它的技术参数为：双路可调 DC（0～32 V，0～3 A），一路固定 DC（5 V、2 A），具有稳流稳压功能且能自动转换，可串并联使用，双路电压、电流同时显示，具有过载、短路保护功能。其具体性能指标如表 2-2 所示，面板功能如表 2-3 所示。

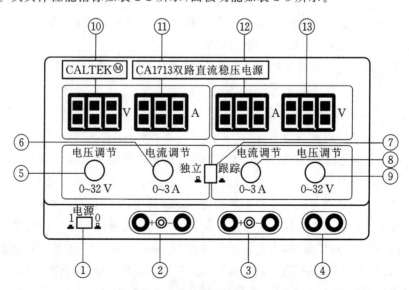

图 2-12　CA1713 直流稳压电源面板图

表 2-2　CA1713 直流稳压电源性能指标

特点	(1)双路电流、电压同时显示(数显)
	(2)具有跟踪功能
	(3)三路输出
技术指标	(1) 左路:0～32 V,0～3 A
	(2) 右路:0～32 V,0～3 A
	(3) 固定输出:5 V,2 A。纹波及噪声:小于 3 mA
	(4) 输出调节分辨率:电压 20 mV,电流 50 mA(典型值)
	(5) 纹波及噪声:小于等于 1 mV、1 mA(有效值)
	(6) 跟踪误差:$5 \times 10^{-3} + 2$ mV
	(7) 负载效应:电压 5×10^{-4},电流 20 mA
	(8) 相互效应:电压 $5 \times 10^{-5} + 1$ mV,电流小于 0.5 mA
	(9) 体积:310 mm×260 mm×150 mm
	(10) 重量:约 10 kg
	(11) 温度范围:0～40 度
	(12) 电源:220 V±10%,50 Hz±4%
	(13) 冷却方式:自然通风冷却
	(14) 可靠性:MTBF(e)大于等于 2000 小时

表 2-3　CA1713 直流稳压电源面板功能表

序号	功能
1	电源开关:按入为开,弹出为关
2	左路输出:0～32 V,0～3 A
3	右路输出:0～32 V,0～3 A
4	固定输出:5 V,2 A
5	左路电压调节
6	左路电流调节
7	跟踪方式:按入为跟踪,弹出为独立
8	右路电流调节
9	右路电压调节
10	左路电压显示
11	左路电流显示
12	右路电流显示
13	右路电压显示
14	每次开机后按一下,2♯有电压输出,否则仅为预至状态无电压输出(仅 CA1713A 有)
15	每次开机后按一下,3♯有电压输出,否则仅为预至状态无电压输出(仅 CA1713A 有)

◆ **六、晶体管特性图示仪的使用**

晶体管特性图示仪是利用电子扫描的原理,在示波管的荧光屏上直接显示半导体器件特性的仪器。可以用它直接观测器件的静态特性曲线和参数,迅速比较两个同类晶体管的特性,以便于进行配对;还可以用它测试场效应晶体管及光电耦合器件的特性与参数。晶体管特性图示仪外形如图 2-13 所示。

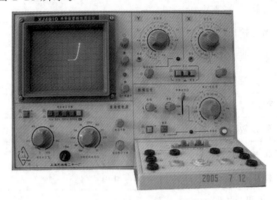

图 2-13　晶体管特性图示仪外形图

1. 晶体管特性图示仪的组成

晶体管特性图示仪是由阶梯波信号源、集电极扫描电压发生器、工作于 X-Y 方式的示波器、测试转换开关以及附属电路等组成的仪器,其结构框图如图 2-14 所示。其中,阶梯波信号源为被测晶体管提供偏置电压或偏置电流,集电极扫描电压发生器用于供给所需的集电极扫描电压,示波器用于显示晶体管特性曲线,开关及附属电路的作用是测试晶体管参数,实现电路的转换。

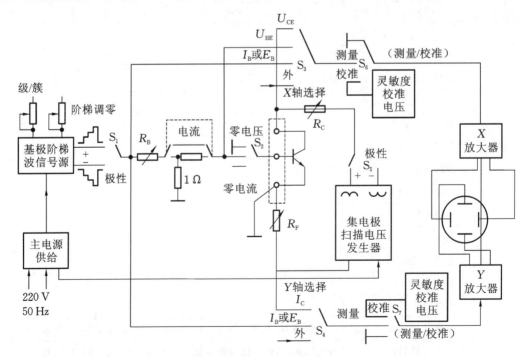

图 2-14　晶体管特性图示仪结构框图

2. 晶体管特性图示仪的测试原理

1）测量晶体三极管的输出特性

三极管的输出特性曲线反映的是在一定的 I_B 下，i_C 与 u_{CE} 之间的关系。以测量 NPN 型管的输出特性为例，将晶体管特性图示仪结构框图中的 S_5 接通"+"，使被测三极管的 C 极获得正极性的集电极扫描电压，将 S_1 接通"+"，使被测三极管的 B 极接上一个阶梯波信号发生器，获得阶梯波基极电流，将 S_2 接中间位置，S_3 接 U_{CE}，S_4 接 I_C 位置，S_6 接测量位置，S_7 接测量位置，得到如图 2-15 所示的三极管输出特性测量电路，也称为动态测量电路。

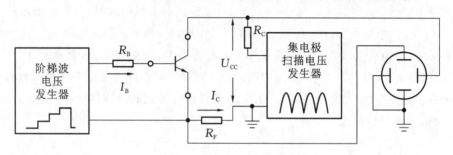

图 2-15　三极管输出特性测量电路

阶梯波电压加入基极回路，通过 R_B 形成基极阶梯电流 I_B。集电极扫描电压的变化使 u_{CE} 可以自动从零增至最大值，然后又降至零；阶梯波基极电流与集电极扫描电压都是由 50 Hz 交流电得来的，可以实现集电极扫描电压与阶梯波基极电流保持同步。如图 2-16 所示，阶梯波电压每一级的时间正好与集电极扫描电压变化一次相同，这样在晶体管特性图示仪的屏幕上就可得到所需要的输出特性曲线。

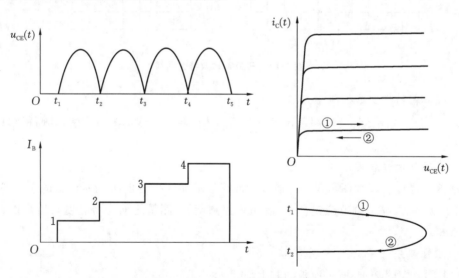

图 2-16　输出特性曲线的形成

2）测量晶体三极管的输入特性

三极管的输入特性体现在基极电流 I_B 与电压 U_{BE} 之间的关系上。基极和发射极之间相当于一个正向偏置的二极管，所以其伏安特性也与二极管相似，当集电极与发射极之间的电压 u_{CE} 变化时，曲线的左右位置也不相同。根据三极管的输入特性，测量时 U_{BE} 用扫描电压，u_{CE} 用阶梯波电压，示波器的 X 轴作为 u_{BE} 轴，Y 轴作为 i_B 轴，此时荧光屏上可显示三极管的两、三根输入特性曲线。

在实际测量时,仍采用全波整流电压作为集电极扫描电压,而用阶梯波提供基极电流。将晶体管特性图示仪结构框图(图 2-14)中的 S_1 接"+"(NPN 型管),S_2 接中间位置,S_3 接 U_{BE},S_4 接 I_B,S_5 接"+"(NPN 型管),S_6 接测量位置,S_7 接测量位置,取 u_{CE} 为扫描电压,u_{BE} 用作阶梯波电压。测试时,一般只显示曲线即可。实际测量中,取样电阻 R_B 两端得到的电压(正比于 i_B,即 i_B 的取样电压)加到示波器的 Y 轴输入端;u_{BE} 加至 X 轴输入端(示波器内 X 放大器需反相一次),集电极回路加全波整流电压。当 $u_{CE}=0$ V,屏幕上的光点在 u_x 和 u_y 的作用下产生跳跃移动,即"0—1—2—3……8",各点连接起来即构成图 2-17(a)所示的输入特性曲线。当 u_{CE} 的峰值为 U_m 时,在 u_x、u_y 阶梯变化的同时,集电极扫描电压 u_{CE} 由 $0-U_m-0$ 变化。如图 2-17(b)所示,亮点在各级水平方向往返移动,例如在 1 点,亮点沿 $1-1'$ 运动,接着随 u_y 跳到 2 点,继续下去,得到图中的图形。左侧一条由断续亮点连接起来的曲线(0~8)是 $u_{CE}=0$ 时的输入特性曲线,右侧一条由断续亮点所形成的曲线($0'\sim8'$)是 $u_{CE}=U_m$(例如 2 V)时的输入特性曲线。

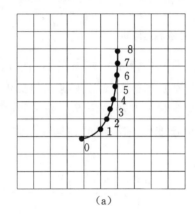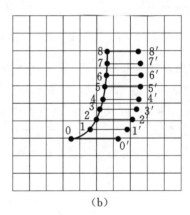

(a)　　　　　　　　　　　　(b)

图 2-17　三极管输入特性曲线

3. 晶体管特性曲线的测量方法

现以 XJ4810 晶体管特性图示仪为例介绍晶体管特性曲线的测量方法,其面板结构如图 2-18 所示。

1)电源及示波管显示部分

XJ4810 晶体管特性图示仪的电源及示波管显示部分在图 2-18 所示面板的左上部,其中有电源开关,以及亮度调节旋钮、聚焦旋钮等控制旋钮,测量之前应将亮度与清晰度调整到合适状态。

2)X 轴部分

X 轴部分在图 2-18 所示面板的右上部。

①"电压/度"旋钮是具有四种偏转作用的开关:当旋钮置于集电极电压 U_{CE} 位置时,可使屏幕 X 轴代表集电极电压;当旋钮置于基极电压 U_{BE} 位置时,可使屏幕 X 轴代表基极电流或电压;当旋钮置于"外接"时,X 轴系统处于外接收状态,输入灵敏度为 0.05 V/div,外输入端位于仪器左侧面。

②"增益"电位器,调节 X 轴增益。

③"移位"旋钮,调节示波器显示曲线的水平位置。

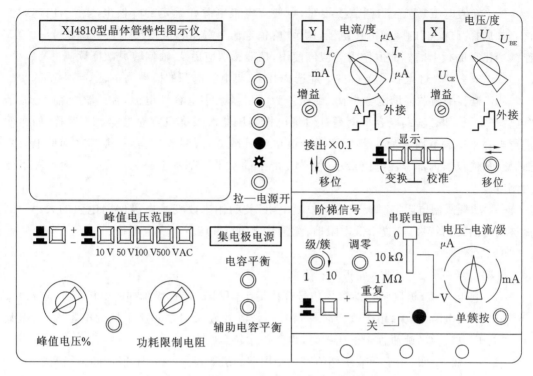

图 2-18　XJ4810 晶体管特性图示仪面板图

3）Y 轴部分

Y 轴部分在图 2-18 所示面板的中上部。

① "电流/度"旋钮是测量二极管反向漏电流 I_R 及三极管集电极电流 I_C 的量程旋钮。当旋钮置于阶梯信号（该挡称为基极电流或基极源电压）位置时,屏幕 Y 轴代表基极电流或电压;当旋钮置于"外接"时,Y 轴系统处于外接收状态,外输入端位于仪器左侧面。

② "增益"电位器,调节 Y 轴增益。

③ "移位"旋钮,调节示波器显示曲线的垂直位置。

4）显示部分

显示部分在图 2-18 所示面板的 X 轴与 Y 轴之间的下部。

① "变换"选择开关,用来同时变换集电极电源和阶梯信号的极性,以简化由 NPN 型管转测 PNP 管时的操作。

② "⊥"按键开关,可使 X、Y 放大器的输入端同时接地,以便确定零基准点。

③ "校准"按键开关,用来校准 X 轴和 Y 轴的放大器增益。开关按下时,在荧光屏有刻度的范围内,亮点应自左下角准确地跳至右上角,否则,应调节 X 轴或 Y 轴的增益电位器进行校准,以达到校正 10 div 的目的。

5）集电极电源部分

集电极电源部分在图 2-18 所示面板的左下部。

① "峰值电压范围"选择开关,用来选择集电极电源的最大值。在测量晶体管特性过程中,当电压由低挡换向高挡时,必须先将"峰值电压％"旋钮旋至"0",换挡后再根据需要的电压逐渐增加,否则易击穿被测晶体管或烧毁保险丝。AC 挡能使集电极电源变为双向扫描,使屏幕同时显示出被测二极管的正、反方向特性曲线。

② "峰值电压％"旋钮,调节该旋钮,可使集电极电源在确定的峰值电压范围内连续变化。如选择"100 V"的峰值电压范围,调节"峰值电压％"旋钮,可使集电极电源在 0～100 V 连续变化。面板上的标称值作为近似值使用,精确读数应由 X 轴偏转灵敏度读测。

③ "＋、－"极性选择开关。按下此选择开关,集电极电源的极性为负,弹起时为正。

④ "电容平衡""辅助电容平衡"旋钮。为了尽量减小电容性电流,在测试之前,应调节"电容平衡"旋钮。辅助电容平衡是针对集电极变压器次级绕组对地电容的不对称,而再次进行电容平衡调节而言的。当 Y 轴为较高电流灵敏度时,调节"电容平衡"和"辅助电容平衡"旋钮,使仪器内部容性电流最小,使荧光屏上的水平线基本重叠为一条。一般情况下无须调节。

⑤ "功耗限制电阻"旋钮。"功耗限制电阻"旋钮用来改变集电极回路电阻的大小。测量被测管的正向特性,应置于低电阻挡;测量其反向特性应置于高电阻挡。

6)阶梯信号

阶梯信号在图 2-18 所示面板的右下部。

① "电压-电流/极"旋钮,即阶梯信号选择旋钮,用于确定每级阶梯的电压值或电流值。

② "串联电阻"开关,用于改变阶梯信号与被测管输入端之间所串接的电阻大小,但只有当"电压-电流/级"旋钮置于电压挡时,该开关才起作用。

③ "级/簇"旋钮,用于调节阶梯信号一个周期的级数,可在 1～10 级之间连续调节。

④ "调零"旋钮,用于调节阶梯信号起始级电平,正常时该级为零电平。

⑤ "＋、－"极性选择开关,用于确定阶梯信号的极性。

⑥ "重复-关"按键开关,当"重复-关"按键开关弹起时,阶梯信号重复出现,用于正常测试;当开关按下时,阶梯信号处于待触发状态。

⑦ "单簇按"开关。"单簇按"开关与"重复-关"按键开关配合使用,当阶梯信号处于调节好的待触发状态时,按下该开关,指示灯亮,阶梯信号出现一次,然后又回到待触发状态。

7)测试台部分

测试台的面板如图 2-19 所示,该测试台直接由插头插在图 2-18 所示面板的右边最下方的 3 个插孔中。

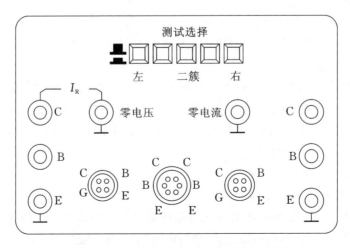

图 2-19　XJ4810 晶体管特性图示仪测试台面板图

①"左""右"选择开关。"左"选择开关按下时,接通左边的被测管;"右"选择开关按下时,接通右边的被测管。

②"二簇"选择开关。"二簇"选择开关按下时,图示仪自动交替接通左、右两只被测管,可同时观测到两管的特性曲线,以便对它们进行比较。

③"零电压""零电流"开关。"零电压""零电流"开关按下时,分别将被测管的基极接地、基极开路,后者用于测量 I_{CEO}、BU_{CEO} 等参量。

4. 注意事项

1)使用时要正确选择阶梯信号

在测量三极管的输出特性时,阶梯电流不能太小,否则就不能显示出三极管的输出特性;阶梯电流更不能过大,这样容易损坏三极管。应根据实际测量三极管的参数来确定阶梯电流的大小。

2)"集电极功耗电阻"的选用

当测量晶体管的正向特性时,选用低阻挡;当测量反向特性时,选用高阻挡。集电极功耗电阻过小时,集电极电流将过大;若集电极功耗电阻过大,就达不到应有的功耗。

3)"峰值电压范围"的选用

测量过程中,当峰值电压由低的电压范围转换到高的电压范围时,一定注意先将"峰值电压%"旋钮调至"0",以防损坏晶体管。

4)阶梯信号的"重复"与"单簇"方式的选用

测试大功率晶体管和极限参数、过载参数时,应采用"单簇"阶梯信号,以防过载而损坏晶体管。

5)MOS 型场效应管的测试注意事项

在测试 MOS 型场效应管时,一定注意不要悬空栅极,以免栅极感应电压击穿场效应管。

6)测试完毕应该特别注意的问题

测试完毕,应将"峰值电压范围"置于"0~10 V"挡,"峰值电压%"调至 0 位,"阶梯信号"选择开关置于"关"位置,"功耗限制电阻"置于最大位置。

5. 测试举例

1)稳压二极管 2CW19 的稳压特性曲线测试

面板旋钮的位置:

峰值电压范围:AC,0~10 V。

峰值电压%:适当。

功耗限制电阻:5 kΩ。

X 轴:集电极电压,5 V/div。

Y 轴:集电极电流,1 mA/div。

阶梯信号:"重复-关"按钮置于"关"。

测试图如图 2-20 所示。

2)硅整流二极管 2CZ82C 的特性曲线测试

面板旋钮的位置:

峰值电压范围:0~10 V。

峰值电压%:适当。

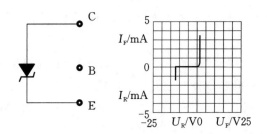

图 2-20　稳压二极管连接及稳压特性显示图形

极性：正(＋)。

功耗限制电阻：250 Ω。

X 轴：集电极电压，0.1 V/div。

Y 轴：集电极电流，10 mA/div。

阶梯信号"重复-关"按钮置于"关"。

测试图如图 2-21 所示。

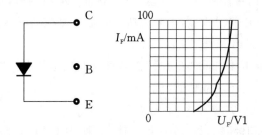

图 2-21　硅整流二极管连接及正向特性显示图形

3) NPN 型 3DK2 晶体三极管的输出特性测试

面板旋钮的位置：

峰值电压范围：0～10 V。

峰值电压％：适当。

极性：正(＋)。

功耗限制电阻：250 Ω。

X 轴：集电极电压，1 V/div。

Y 轴：集电极电流，1 mA/div。

阶梯信号："重复-关"按钮置于"重复"。

极性：正(＋)。

阶梯选择：20 μA/级。

测试图如图 2-22 所示。

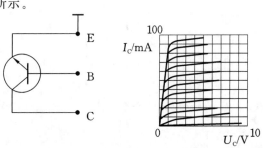

图 2-22　NPN 型三极管连接及输出特性显示图形

4）NPN 型 3DG6 晶体三极管的输入特性测试

面板旋钮的位置：

峰值电压范围：0～10 V。

峰值电压%：6 V。

极性：正（＋）。

功耗限制电阻：500 Ω。

X 轴：集电极电压，0.05 V/div。

Y 轴："电流/度"旋钮置于基极电压或基极源电压。

阶梯信号："重复-关"按钮置于"重复"。

极性：正（＋）。

阶梯选择：20 μA/级。

测试图如图 2-23 所示。

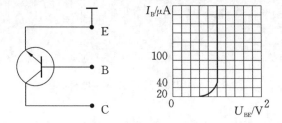

图 2-23　NPN 型三极管连接及输入特性显示图形

5）测量 N 沟道耗尽型场效应管 3DJ3 漏极特性

面板旋钮的位置：

阶梯信号："重复-关"按钮置于"重复"，"极性"为负（一）。

峰值电压范围：0～10 V。

峰值电压：适当，"极性"为正（＋）。

功耗限制电阻：1 kΩ。

X 轴：集电极电压，1 V/div。

Y 轴：集电极电流，0.5 mA/div。

阶梯选择：0.2 V/级。

测试图如图 2-24 所示。

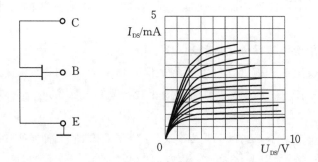

图 2-24　场效应管的连接及输出特性显示图形

◆ 七、LCR 电桥的使用

现以 YD2810F 型 LCR 数字电桥为例介绍 LCR 电桥的使用方法,其面板结构如图 2-25 所示。

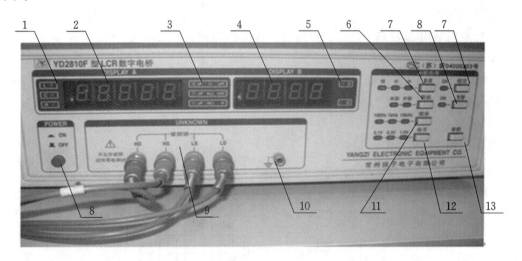

图 2-25 YD2810F 型 LCR 数字电桥面板图

1. 功能键说明

(1) 主参数指示:指示当前测量主参数(L、C、R)。

(2) 主参数显示:显示 L、C、R 的数值。

(3) 主参数单位:指示当前测量主参数的单位(如电容参数单位为 pF、nF、μF)。

(4) 副参数显示:显示电容器的损耗因素 D 或电感线圈的品质因素 Q 的数值。

(5) 副参数指示:指示当前测量的副参数(D、Q)。

(6) 等效键:设定仪器测量等效电路,一般选择串联等效电路。

(7) 速度键:快速 8 次/秒,慢速 4 次/秒,低速 2 次/秒。

(8) 清零键:用于消除测试引线的分布电容与分布电感的影响,有开路清零和短路清零两种。测电容时,测试夹具或测试电缆开路,按一下"清零"键,"开"灯亮,每次测试自动扣去底数;测电感、电阻时,测试夹具或测试电缆短路后,按"清零"键。

(9) 锁定键:用于锁定仪器内部测试量程的挡位,灯亮仪器处于锁定状态,仪器测试速度最高。未锁定状态下,仪器内部每次测量时都要根据被测参数的大小自动进行量程的切换。

(10) 接地端:用于被测元件之屏蔽地。

(11) 频率键:设定加于被测元件上的测试信号频率是 100 Hz、1 kHz 或 10 kHz。

(12) 电平键:每按一下,选择一种测试电平,分别在 0.1 V、0.3 V、1.0 V 三种电平中循环。

(13) 参数键:每按一下,选择一种主参数,分别在 L、C、R 三种参数中循环。

(14) 电源开关:按下,电源接通;弹出,电源断开。

(15) 测试信号端:HD 为电压激励高端,LD 为电压激励低端,HS 为电压取样高端,LS 为电压取样低端。

2. 操作步骤

(1) 插上电源插头,将面板开关按至 ON。开机后,仪器功能指示进入上次设定状态,预热 10 分钟,待机内达到平衡后,进行正常测试。

(2) 测试参数选择,使用"参数"键选择 L、C、R,各参数的单位如下:

L:μH、mH、H(连带测试器件 Q 值)。

C:pF、nF、μF(连带测试器件 D 值)。

R:Ω、kΩ、MΩ(连带测试器件 Q 值)。

(3) 使用者应根据被测器件的测试标准或使用要求,按下"频率"键与"电平"键,选择相应的测试频率和激励电压。可选择 100 Hz、1 kHz、10 kHz 三个频率,1 V、0.3 V、0.1 V 三个电压。

(4) 设置好测试参数、测试频率、激励电压后,用测试电缆夹头夹住被测器件引脚、焊盘。待显示屏参数值稳定后,读取并记录。

(5) 清"0"功能。

① 通过清除存在于测量电缆或测量夹具上的杂散电抗来提高测试精度,这些电抗以串联或并联形式叠加在被测器件上,清"0"功能便是将这些参数测量出来,将其存储于仪器中,在测量元件时自动将其减掉,从而保证仪器测试的准确性。

② 仪器清"0"包括两种清"0"校准,即短路清"0"和开路清"0"。测电容时,先将夹具或电缆开路,按"方式"键使"校测"灯亮;测电阻、电感时,用粗短裸体导线短路夹具或测试电缆,按"方式"键使"校测"灯亮。

③ 可同时存放三组不同的清"0"参数,即三种频率各一种,相互并不干扰,仪器在不同频率下其分布参数是不同的。因此,在一种频率下清"0"后转换至另一频率时需重新清"0"。若某种频率以前已清"0",则无须再次进行。而掉电保护功能保证以前的清"0"值在重新开机后仍然有效。若环境条件(如温度、湿度、电磁场等)变化较大,则应重新清"0"。

(6) 等效功能。

① 实际电容、电感和电阻都不是理想的纯电阻或纯电抗元件,一般电阻和电抗成分同时存在,一个实际的阻抗元件均可用理想的电阻器和理想的电抗器(理想电感和理想电容)的串联或并联形式来模拟。串联和并联形式两者之间在数学上是可以相互转换的,但两者的结果是不同的,这主要取决于元件品质因数 Q 或损耗因数 D。

② 被测电容器的实际等效电路首先可以从规格书或某些标准的规定得到,如果无法得到,可以根据两个不同的测试频率下损耗因数的变化性来决定。若频率升高而损耗增加,应选用串联等效电路;若频率升高而损耗减小,则应选用并联等效电路,并联方式的损耗因数 D 与频率 f 成反比。对于电感来说,情况正好与电容相反。

③ 根据元件的最终使用情况来判定。用于信号耦合电容,最好选择串联等效电路,LC 谐振则使用并联等效电路。

④ 如果没有更合适的信息,则可根据以下信息来决定:

低阻抗元件(较大电容或较小电感)使用串联形式;

高阻抗元件(较小电容或较大电感)使用并联形式。

一般来说,当感抗或容抗 $|Zx| < 10\ \Omega$,应选择串联等效形式;当 $|Zx| > 10$ kΩ,应选择并联等效方式;当 $10\ \Omega < |Zx| < 10$ kΩ,根据实际情况选择合适的等效方式。仪器开机时,初

始化状态为"串联"。

（7）测量速度选择。

所有仪器开机默认为中速测试。测试精度和测试速度成反比，即速度越慢精度越高，但效率越低。应根据实际情况选择合适的速度，一般选择中速，通过面板上的速度按键进行选择。

（8）电平选择。

一般高测试电平用于常规的元件测试（电容、电阻和某些电感），低测试电平用于需要低工作信号电平的器件（如半导体器件、电池内阻、电感和一般非线性阻抗元件）。对于某些器件来说，测试信号电平的改变将会使测量结果产生较大的变化，如一些电感性元件。

3．操作注意事项

（1）电源输入相线 L、零线 N 应与仪器电源插头上标注的相线、零线相同。

（2）将测试夹具或测试电缆连接于仪器前面板标志为 HD、HS、LS、LD 的四个测试端。HD、HS 对应一组，LD、LS 对应一组。

（3）仪器应在技术指标规定的环境中工作，仪器特别是连接被测件的测试导线应远离强电磁场，以免对测量结果产生干扰。

（4）仪器测试完毕或排除故障需打开仪器时，应将电源开关置于 OFF 位置，并拔下电源插头。

（5）仪器测试夹具或测试电缆应保持清洁，以保证被测件接触良好，夹具簧片调整至适当的松紧程度。

◆ 八、数字示波器的使用

1．功能键说明

数字示波器首先将被测信号抽样和量化，变为二进制信号储存起来，再从存储器中取出信号的离散值，通过算法将离散的被测信号以连续的形式在屏幕上显示出来。DS1000 系列数字示波器的面板如图 2-26 所示。

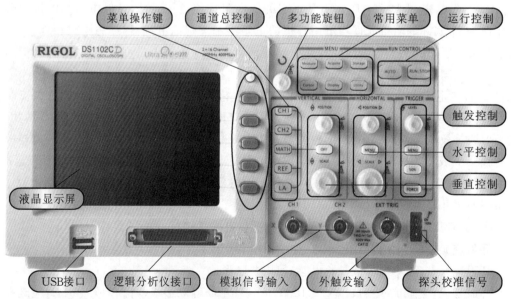

图 2-26 DS1000 系列数字示波器的面板

探头校准信号输出:提供 1 kHz/3V 的基准信号,用于示波器的自检。

模拟信号输入(探头插座):用于连接输入电缆,以便输入被测信号,共有两路(CH1 和 CH2)。

垂直控制区:用于选择被测信号,控制被测信号在垂直方向的大小或移动。

水平控制区:用于控制显示的波形在水平方向的位置和幅度。

触发控制区:用于控制显示的波形的稳定性。

通道总控制区:用于通道的选择和通道信号间的计算。

运行控制区:用于控制波形采样的运行或停止。

液晶显示屏:用于显示被测信号的波形、测量刻度以及操作菜单。屏幕刻度和显示信息的界面如图 2-27 所示。

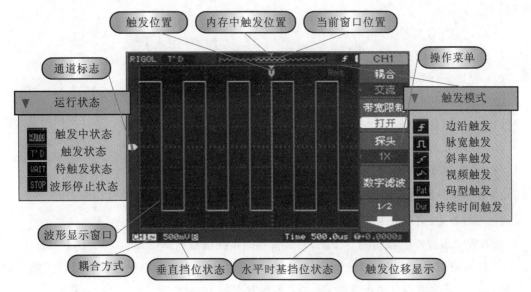

图 2-27　屏幕刻度和显示信息界面

2. 数字示波器的操作

1) VERTICAL(垂直控制区)的设置

(1) POSITION(垂直位置):按下按键,快速回到垂直中心位置。

(2) SCALE(垂直衰减挡位):调整(粗调/微调)所选通道波形的显示幅度。

(3) CH1、CH2:输入通道选择。

① 可设置耦合方式:直流、交流、接地。

② 探头的衰减系数:1×、5×、50×、100×、500×、1000×。

③ 带宽限制:"打开"或"关闭"输入信号的带宽限制。

④ 数字滤波。

(4) MATH:系统的数学运算界面(A+B,A−B,A×B,快速傅里叶变换)。

(5) REF:导入或导出已保存的文件,但不存储 X-Y 方式的波形。

(6) OFF 按键:关闭当前选择的通道。

2) HORIZONTAL(水平控制区)的设置

(1) POSITION(水平位置):按下按键,快速回到水平中心位置。

(2) SCALE(水平扫描挡位):按下按键,延时扫描。

(3) MENU(水平操作菜单):设置水平操作菜单。

① 延迟扫描：用来放大一段波形，以便查看图形细节。

② 时基：$Y\text{-}T$、$X\text{-}Y$（水平轴上显示通道 1 电压，垂直轴上显示通道 2 电压）、Roll。

③ 采样率：显示系统采样率。

3）TRIGGER（触发控制区）的设置

（1）LEVEL（触发电平）：旋动旋钮，改变触发电平设置，按下按键，触发电平恢复到零点。

（2）MENU（触发操作菜单）：按下按键，调出触发操作菜单，改变触发设置。

（3）50％：按下按键，设置触发电平在触发信号幅值的垂直中点。

（4）FORCE：按下按键，强制产生一触发信号，主要应用于触发方式中的"普通"和"单次"模式。

4）MENU（常用菜单）的功能

（1）自动测量（Measure）；

（2）设置采样系统（Acquire）；

（3）存储和调出（Storage）；

（4）光标测量（Cursors）；

（5）设置显示系统（Display）；

（6）设置辅助系统（Utility）。

3. 数字示波器的测量举例

1）自动测量（Measure）举例

利用数字示波器的自动测量功能，测量仪器的校准信号波形（方波，3 Vp-p，1 kHz）。

① 将示波器输入探头（CH1）接到示波器校准信号（1 kHz、3 Vp-p），按下运行控制区的 AUTO 按钮，示波器将自动设置垂直、水平和触发控制。

② 按下 CH1 按钮，设置耦合方式（交流或直流）。CH1 通道的设置如图 2-28 所示。

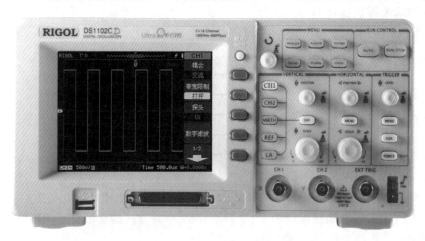

图 2-28　CH1 通道设置

③ 按下自动测量（Measure）按钮，设置幅度与频率的显示方式。在功能菜单中，按电压测量按钮，旋转多功能旋钮，选择峰-峰值，再按下多功能旋钮，屏幕上自动显示峰-峰值；按时

间测量按钮,旋转多功能旋钮,选择频率,再按下多功能旋钮,屏幕上自动显示频率值。自动测量(Measure)的设置如图 2-29 所示。

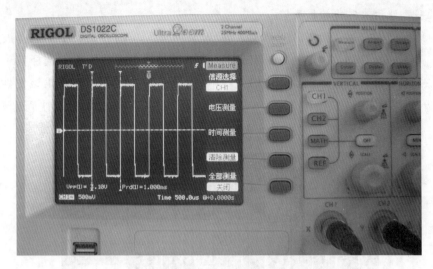

图 2-29　自动测量设置

2) 光标测量(Cursors)举例

利用数字示波器的光标测量功能,测试校准信号的周期和幅值。

① 将示波器输入探头(CH1)接到示波器校准信号(1 kHz、3 Vp-p),按 AUTO 按钮,示波器将自动设置垂直、水平和触发控制。按下 CH1 按钮,设置耦合方式(交流或直流)。

② 用光标测量信号的周期和频率:按下光标测量(Cursors)按钮,在功能菜单中,将光标模式设定为手动,将光标类型设定为 X,信源选定 CH1。按下 CurA,旋转多功能旋钮,使光标 A 左右移动;按下 CurB,旋转多功能旋钮,使光标 B 左右移动。由此可显示测量波形的周期或频率,光标测量的显示图形如图 2-30 所示。

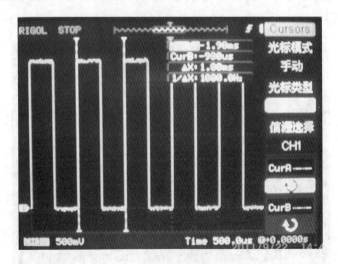

图 2-30　光标测量的显示图形

③ 用光标测量信号的峰-峰值:按下光标测量(Cursors)按钮,在功能菜单中,将光标模式设定为手动,将光标类型设定为 Y,信源选定 CH1。按下 CurA,旋转多功能旋钮,使光标

A 上下移动；按下 CurB，旋转多功能旋钮，使光标 B 上下移动。由此可显示测量波形的幅度（峰-峰值）。

3）数字存储示波器的数据存储

① 内部存储。按存储和调出（Storage）按钮，在存储菜单的存储类型中选择波形存储，按下内部存储，选择存储位置，有 10 个存储位置，可通过调节多功能旋钮选择其中一个，再按下保存键，测量波形便被存储到相应的文件中，如图 2-31 所示。如要调出该文件，按下存储位置，调节多功能旋钮，找出该文件，再按下调出按钮，存储的文件即被调出显示在屏幕上。

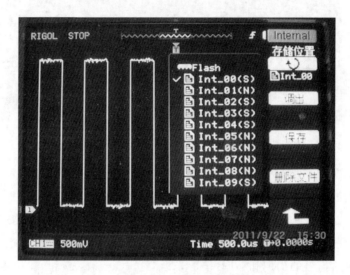

图 2-31　数字存储示波器的内部数据存储

② 外部存储。插上 U 盘，按存储和调出（Storage）按钮，在存储菜单的存储类型中选择位图存储，按下外部存储，浏览器选择文件，新建文件后，再按保存，测量波形便被存储在 U 盘中，如图 2-32 所示。将 U 盘插入电脑后可看到测量波形。

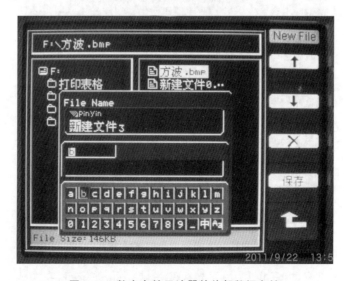

图 2-32　数字存储示波器的外部数据存储

任务评价

1. 技能测试 1——函数信号发生器的使用

（1）熟悉函数信号发生器面板上的开关与旋钮的功能。

（2）将函数信号发生器输出信号的波形分别设置为正弦波、三角波、脉冲波。

（3）将函数信号发生器输出信号的频率分别设置为 100 Hz、1 kHz、10 kHz。

（4）将函数信号发生器输出信号的幅度（Vp）分别设置为 100 mV、1 V、10 V。

2. 技能测试 2——通用示波器的使用

（1）熟悉通用示波器面板上的开关与旋钮的功能及使用注意事项。

（2）用示波器探头测试仪器的校准信号波形，并根据显示的波形及相关开关与旋钮的位置，确定所测信号的幅度与周期。验证示波器的读数是否准确。

（3）用示波器测试函数信号发生器输出的正弦波、三角波、脉冲波，并使显示波形保持稳定。正确识读所测波形的幅度与周期。

3. 技能测试 3——晶体管特性图示仪的使用

（1）熟悉晶体管特性图示仪面板上的开关与旋钮的功能及使用注意事项。

（2）用晶体管特性图示仪测试二极管的正反向伏安特性曲线，并正确识读二极管的正向导通电压和反向击穿电压。

（3）用晶体管特性图示仪测试 NPN 型或 PNP 型三极管的输出特性曲线，并正确识读三极管的共发电流放大系数（β值）。

4. 技能测试 4——数字示波器的使用

（1）熟悉数字示波器面板上的开关与旋钮的功能。

（2）用数字示波器探头测试仪器的校准信号波形，并通过自动测量获得所测波形的幅度与频率的数据。

（3）用数字示波器测试函数信号发生器输出的正弦波、三角波、脉冲波，并通过光标测量获得所测波形的幅度与频率的数据。

任务 3

焊接技术
与手工焊接技能训练

知识目标

（1）了解焊接的基本知识、焊接的种类与原理。

（2）掌握锡焊的基本过程及基本条件。

（3）掌握手工焊接技术及手工焊接的工艺要求。

（4）了解自动焊接技术和无铅焊接技术的工艺流程与特点。

素养目标

（1）了解我国焊接工艺的现状，对比先进国家的工艺水平，提升技术，追求工艺。

（2）理解焊接工艺要求，强化工匠精神，提高劳动意识，养成严谨细致的态度。

技能目标

（1）掌握常用焊接工具的使用方法。

（2）掌握手工焊接的基本操作方法。

（3）掌握焊点的质量要求及焊点缺陷的检查与分析方法。

（4）掌握拆焊的方法及工艺要求。

（5）通过一定量的焊接训练，掌握手工焊接的基本技能。

工 作 任 务

任务名称　　焊接技术与手工焊接技能训练。

在电工电子设备的装配、连接与修理中都会遇到电路与元器件的焊接,焊接质量的好坏对整机及电路的性能指标和可靠性有着很大的影响。如果我们在焊接过程中不按焊接工艺的要求操作,往往会造成人为故障或损坏元器件。因此,作为一名电子技术工作者,手工焊接技术是必备技术之一,只有掌握好焊接基本功,才能保证焊接质量,提高工作效率。

任务背景

电子设备中使用了大量的电子元器件,每个电子元器件都要焊接在电路板上,每个焊点的质量都关系到整机的质量。

在电子产品的故障检测与维修中,因焊接质量不好而造成虚焊、假焊的故障机占极大的比例。有数据显示,在电子产品整机故障中,有一半左右是由焊接质量不好造成的。可见焊接技术不仅关系到整机装配的劳动生产率的高低和生产成本的大小,而且是决定电子产品质量的关键。要做到每一个焊接点不但均匀美观,而且具有良好的电气性能和机械强度,不是一朝一夕就能实现的,需要通过专门的焊接训练和反复实践才能掌握。

手工焊接是焊接技术的基础,从事电子技术工作的人员必须认真学习有关焊接的理论知识,掌握焊接技术要领,并能熟练地进行焊接操作,这样才能保证焊接质量,提高工作效率。

任务标准

电子产品的焊接标准可参照 IPC-A-610 中的部分焊接标准。

《电子组件的可接受性》(IPC-A-610)作为电子装配的标准,为人们广泛地接受,其焦点集中在焊点上面。IPC-A-610 用全彩照片和插图形象地罗列了电子组装行业通行的工艺标准,是质保、组装、采购、工艺等部门必备的法典。该标准内容涵盖有铅/无铅焊接、机械组装、接线柱连接、通孔技术、表面贴装技术及其跳线连接、元器件损伤、印制电路板组件以及无焊绕接要求等,是电子行业内使用最为广泛的检验标准。在国际上,该标准是用来规范最终产品可接受级别和高可靠性电路板组件的宝典。IPC-A-610 的具体内容已被翻译成多国语言,可在网上进行查找。

环境条件

【训练场所】

电子产品工艺实训室或电子产品装配场所。要求训练场所符合安全用电规程的规定,通风良好,采光充足。

【训练设备】

常用焊接工具一套,包括电烙铁、镊子、剪刀、斜口钳、烙铁架等。用于焊接训练的电烙铁的功率不宜过大,要求在 20~35W。训练初期焊点少、焊接慢,若功率过大,将导致电烙铁升温过高,将烙铁头烧死。

【训练耗材】

松香、焊锡丝、印制线路板(PCB)、插接元器件。在焊接训练中,焊点应达到一定的数量才能满足要求,这会消耗大量的 PCB 和插接元器件。因此,可选用废旧 PCB 及废旧元器件,也可用多孔板和单芯导线来替代。一块尺寸为 15 cm×9 cm 的多孔板所提供的焊点数可达 $52 \times 30 = 1560$ 个;500 个焊点所需要的 $\Phi = 0.8$ mm 的单芯导线的长度约为 500×7 mm $= 3.5$ m。

 任务实施

◆ 一、常用的焊接工具与材料

常用的焊接工具有电烙铁和电热风枪等,此外还有烙铁架、吸锡器等辅助焊接工具。完成焊接需要的材料有焊料、助焊剂及阻焊剂等。

1. 电烙铁

电烙铁是手工焊接中最为常见的工具,其可以提供焊接所需的热能,对被焊金属加热、熔化焊锡。焊接是利用加热手段,在两种金属的接触面,通过焊接材料的原子或分子的相互扩散作用,使两种金属间形成一种永久的牢固结合。选择合适的电烙铁,并合理地使用它,是保证焊接质量的基础。由于用途、结构的不同,有各式各样的电烙铁。电烙铁按加热方式的不同,可分为直热式、感应式、气体燃烧式等;按功率的不同,可分为 20 W、30 W、45 W、75 W、100 W、200 W、300 W 等。常用的电烙铁一般为直热式,直热式又分为外热式、内热式、恒温式三大类。根据电烙铁的功能来分,可分为吸锡电烙铁、恒温电烙铁、防静电电烙铁及自动送锡电烙铁等。

1)内热式电烙铁

内热式电烙铁的发热部分(烙铁芯)安装于烙铁头内部,热量由内向外散发,其结构组成如图 3-1 所示。

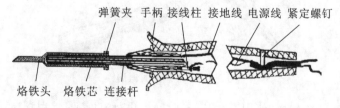

弹簧夹 手柄 接线柱 接地线 电源线 紧定螺钉

烙铁头 烙铁芯 连接杆

图 3-1 内热式电烙铁

由于烙铁芯装在烙铁头内部,其热量能完全传到烙铁头上,因此内热式电烙铁发热快,热量利用率高达 85%～90%。但由于结构原因，内热式电烙铁使用过程中温度相对集中，容易导致烙铁头氧化、烧死，长时间工作容易损坏，不适合做大功率的烙铁。为延长其寿命，可将烙铁头进行电镀，在紫铜表面镀以纯锡或镍。内热式电烙铁的规格多为小功率的，适用于小型电子元器件和印制电路板的手工焊接，常用的有 20 W、25 W、35 W、50 W 等，20 W 烙铁头的温度可达 350 ℃ 左右。

2）外热式电烙铁

外热式电烙铁的烙铁头安装在烙铁芯的里面，即产生热能的烙铁芯在烙铁头外面，其结构组成如图 3-2 所示。

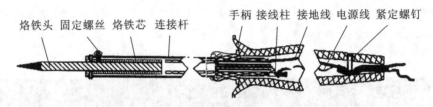

图 3-2　外热式电烙铁

外热式电烙铁的功率比较大，常用的规格有 25 W、45 W、75 W、100 W、200 W 等，适合焊接较大的元器件，一般电子产品装配多用 45 W 的外热式电烙铁。外热式电烙铁的烙铁头可以被加工成各种形状，以适应不同焊接面的需要。常见烙铁头的形状如图 3-3 所示。

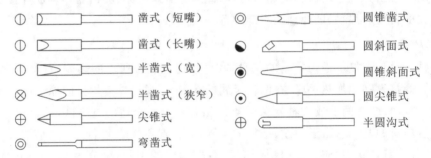

图 3-3　常见烙铁头的形状

常用的外热式电烙铁有直立型（见图 3-2）和 T 形（见图 3-4）两种，其中直立型外热式电烙铁的使用最普遍。T 形外热式电烙铁易于焊接装配密度高的电子产品，不易烫坏焊点周围的元器件及导线。

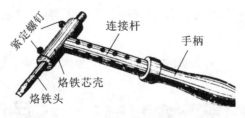

图 3-4　T 形外热式电烙铁

外热式电烙铁经久耐用、使用寿命长，长时间工作时温度平稳，焊接时不易烫坏元器件，适合长时间通电工作。但由于其体积相对较大，热效率相对较低，35 W 的外热式电烙铁的温度只相当于 20 W 的内热式电烙铁的温度。

3) 恒温（调温）电烙铁

由于目前使用的外热式与内热式电烙铁的烙铁头温度都超过 300 ℃，焊锡容易被氧化而造成虚焊。同时烙铁头温度过高，若与焊点接触时间过长，就会烧坏元器件，这对焊接集成电路是不利的。因此，在焊接质量要求高的场合，通常采用恒温电烙铁。恒温电烙铁是一种能自动调节温度，使焊接温度保持恒定的电烙铁。根据控制方式的不同，恒温电烙铁分为电控恒温电烙铁和磁控恒温电烙铁两种。

电控恒温电烙铁用热电偶作为传感元件来检测和控制烙铁温度，当烙铁头的温度低于规定的数值时，温控装置就接通电源，对电烙铁加热，使温度上升；当加热到预定温度值时，温控装置自动切断电源。这样反复操作，达到自动调温的目的，使电烙铁基本保持恒定温度。

磁控恒温电烙铁是在电烙铁的烙铁头上装一个强磁性传感器，用于吸附磁性开关中的永久磁铁，从而控制电烙铁电源的通断，达到控制温度的目的。强磁性传感器的磁场强度与温度有关。在温度较低时，该磁性传感器的强磁场将机械控制开关吸合，电烙铁加热；当温度上升到预定温度（居里点）时，该磁性传感器失去磁性，控制开关的触点断开，电烙铁的温度下降；当温度下降到一定值时，磁性传感器的磁性恢复，使电烙铁继续加热，从而保持电烙铁温度的恒定。如需要不同的温度，则要更换烙铁头，因为不同的烙铁头装有不同规格的强磁性传感器，其居里点不同，失磁的温度也不同。

恒温（调温）电烙铁的温度变化范围小，且始终保持在适于焊接的温度范围内，不易产生过热现象，故使用寿命长且省电，同时可提高焊接质量。此外，烙铁头的温度不受电源电压、环境温度的影响，体积小，重量轻，但价格较高。

4) 吸锡电烙铁

吸锡电烙铁是在普通电烙铁的基础上增加吸锡机构，使其具有加热、吸锡两种功能。其外形如图 3-5 所示。

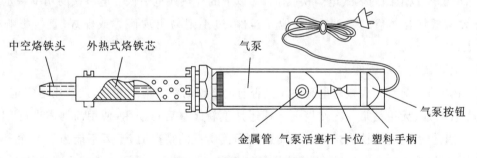

中空烙铁头　外热式烙铁芯　气泵　气泵按钮

金属管　气泵活塞杆　卡位　塑料手柄

图 3-5　吸锡电烙铁外形图

吸锡电烙铁由烙铁体、烙铁头和支架部分组成，有些吸锡电烙铁还配有橡皮囊。使用时先将烙铁头加热，再将烙铁头放到焊点，待焊点上的焊锡熔化后，按动吸锡开关，将焊点上的焊锡吸入腔内即可。吸锡电烙铁具有拆焊效率高、不易损伤元器件等优点，特别是拆焊多接点的元器件时，使用它更为方便。

5) 电烙铁的选用

在进行科研、生产、仪器维修时，可根据不同的施焊对象选择不同的电烙铁，主要从烙铁的种类、功率及烙铁头的形状三个方面考虑。在有特殊要求时，选择具有特殊功能的电烙铁。

（1）电烙铁类型的选择。

电烙铁的种类繁多，应根据实际情况灵活选用。一般的焊接应首选内热式电烙铁。对于大型元器件及直径较粗的导线，应考虑选用功率较大的外热式电烙铁。对焊接如表面封装的元器件等要求工作时间长、被焊元器件又少的情况，则应考虑选用长寿命型的恒温电烙铁。表 3-1 为选择电烙铁的依据，仅供参考。

表 3-1　选择电烙铁的依据

焊接对象及工作性质	烙铁头温度/℃ （室温，220 V 电压）	电烙铁类型
一般印制电路板、安装导线	300～400	20 W 内热式、30 W 外热式、恒温式
集成电路	350～400	20 W 内热式、恒温式
焊片、电位器、2～8 W 电阻、大电解电容、大功率管	350～450	35～50 W 内热式、恒温式、50～75 W 外热式
8 W 以上大电阻、$\phi 2$ mm 以上导线	400～550	100 W 内热式、150～200 W 外热式
汇流排、金属板等	500～630	300 W 外热式
维修、调试一般电子产品		20 W 内热式、恒温式、感应式、储能式、两用式

（2）电烙铁功率的选择。

对于一些采用小型电子元器件的普通印制电路板的焊接和 IC 电路板的焊接（如音响设备、电视机、电磁炉等），应选用 20～25 W 内热式电烙铁或 30 W 外热式电烙铁，这是因为小功率的电烙铁具有体积小、重量轻、发热快、便于操作、耗电少等优点。对于一些采用较大元器件的电路板及机壳底板的焊接（如功率放大器、大功率电源设备等），则应选用大功率的电烙铁，如 50 W 以上的内热式电烙铁或 75 W 以上的外热式电烙铁。电烙铁的功率一定要适当，过大易烫坏晶体管、集成块或其他元器件，过小则易出现假焊或虚焊，直接影响焊接质量。

6）电烙铁的正确使用

使用电烙铁前首先要核对电源电压是否与电烙铁的额定电压相符，注意用电安全，避免发生触电事故。无论是第一次使用电烙铁还是重新修整后再使用，使用前均需进行"上锡"处理。当上锡后出现烙铁头挂锡太多而影响焊接质量的情况时，千万不能为了去除多余的焊锡而甩电烙铁或敲击电烙铁，因为这样可能将高温焊锡甩入周围人的眼中或身体上，对他人造成伤害，也可能在甩或敲击电烙铁时使烙铁芯的瓷管破裂、电阻丝断损或连接杆变形，从而使电烙铁外壳带电，造成触电事故。去除多余焊锡或清除烙铁头上的残渣的正确方法是用湿布或湿海绵进行擦拭。

电烙铁在使用中还应注意经常检查手柄上的紧定螺钉及烙铁头的锁紧螺钉是否松动，若出现松动，易使电源线扭动、破损而引起烙铁芯引线相碰，造成短路。电烙铁使用一段时间后，应将烙铁头取出，清除氧化层，以避免发生烙铁头取不出的情况。焊接作业时，电烙铁一般放在方便操作的右方烙铁架中，与焊接有关的工具应整齐有序地摆放在工作台上，养成文明生产的好习惯。

2. 电热风枪

电热风枪是利用高温热风加热焊锡膏、电路板及元器件引脚,使焊锡膏熔化,来实现焊装或拆焊目的的半自动焊接工具。

电热风枪是用于焊装或拆卸表面贴装元器件的专用焊接工具,主要用于手机、MP3 播放器、网络与通信设备等采用表面贴装工艺的电子产品维修。

3. 其他辅助焊接工具

(1) 烙铁架。用于存放松香或焊锡等焊接材料,在焊接的空闲时间,电烙铁要放在特制的烙铁架上,以免烫坏其他物品。

(2) 尖嘴钳。尖嘴钳的主要作用是在连接点上夹持导线或元器件引线,也用于元器件的引脚加工成型。尖嘴钳分为普通尖嘴钳和长尖嘴钳,在装配密度较大或较深的底层网绕导线及布线时宜用长尖嘴钳。不能用尖嘴钳装拆螺母,也不允许把尖嘴钳当手锤使用。同时要注意,在夹持较粗、较硬的金属导线及其他物体时,防止用力过大而使得尖嘴钳端头断裂。

(3) 镊子。焊接过程中,利用镊子夹持导线或元器件引脚,以防止其移动,便于焊接,且镊子夹持元器件引脚可以帮助元器件散热,避免焊接温度过高而损坏元器件,同时可避免烫伤手部。焊接结束时,也可以使用镊子检查元器件的焊接稳定度。

(4) 斜口钳。斜口钳主要用于剪切导线,尤其适用于剪掉元器件焊接完成后多余的引脚,以及焊点上网绕导线后的多余线头。

(5) 吸锡器。吸锡器用于协助电烙铁拆卸电路板上的元器件,使元器件的引脚与焊盘分离,并吸空焊盘上的焊锡,做好安装新元件的准备。

(6) 小刀或细砂纸。一般使用小刀或细砂纸除去元器件金属引线表面的氧化层,对于集成电路的引脚,可使用绘图橡皮擦拭氧化层,待引脚露出金属光泽后进行搪锡处理。

(7) 剥线钳。剥线钳用于剥掉 3 mm 及以下的塑胶线等线材的端头表面绝缘层。

4. 焊接材料

完成焊接需要的材料包括焊料、助焊剂等其他辅助材料。

1) 焊料

焊料是一种可熔化的金属合金,熔点低于被焊金属。它在焊接过程中能润湿被焊金属表面,并在接触面形成合金层,从而使被焊物连成一体。

焊料按其组成成分的不同,可分为锡铅焊料、银焊料及铜焊料。锡与铅以不同的比例组合成锡铅焊料(即焊锡),其熔点和对应的物理特性都随配比的不同而有所不同。电子产品中常用的焊锡如表 3-2 所示,其特点为:

(1) 熔点低,在 180 ℃时便可熔化,有利于焊接。

(2) 具有一定的机械强度,锡铅合金的各种机械强度均优于纯锡和纯铅。

(3) 具有良好的导电性。

(4) 对元器件引线及其他导线有较强的附着力,有利于在焊接时形成可靠接头,不容易脱落。

(5) 抗氧化性强,抗腐蚀性能好。铅具有的抗氧化性优点在锡铅合金中继续保持,使焊料在熔化时减少氧化量,焊接好的印制电路板不必涂任何保护层就能抵抗大气的腐蚀。

表 3-2　电子产品中常用的焊锡

序号	焊锡中各金属成分比例				焊锡熔点/℃
	锡（Sn）	铅（Pb）	镉（Cd）	铋（Bi）	
1	61.9％	38.9％			182
2	35％	42％		23％	150
3	50％	32％	18％		145
4	23％	40％		37％	125
5	20％	40％		40％	110

2）无铅焊料

无铅焊料是指以锡为主体，添加其他金属材料制成的焊接材料。所谓"无铅"，是指焊料中铅的含量必须低于 0.1％。"电子无铅化"指的是包括铅在内的 6 种有毒有害材料的含量必须控制在 0.1％以内，同时电子制造过程必须符合无铅组装工艺的要求。无铅焊料的成分及熔点如表 3-3 所示。

表 3-3　无铅焊料的成分及熔点

序号	无铅焊料的成分	无铅焊料的熔点/℃
1	85.2％Sn/4.1％Ag/2.2％Bi/0.5％Cu/8.0％In	193～199
2	88.5％Sn/3.0％Ag/0.5％Cu/8.0％In	195～201
3	91.5％Sn/3.5％Ag/1.0％Bi/4.0％In	208～213
4	92.8％Sn/0.5％Ga/0.7％Cu/6.0％In	210～215
5	93.5％Sn/3.1％Ag/3.1％Bi/0.3％Cu	209～212
6	95％Sn/5％Sb	235～243
7	95.4％Sn/3.1％Ag/1.5％Cu	216～217
8	96.5％Sn/3.5％Cu	221

注：Sn—锡，Pb—铅，Sb—锑，Ag—银，Bi—铋，Cu—铜，In—铟，Ga—镓。

3）助焊剂

助焊剂是焊接时添加在焊点上的化合物，是进行锡铅焊接时的辅助材料，可以清除焊件表面的氧化物与杂质。助焊剂在受热时，可在整个金属表面形成一层薄膜，使金属和空气隔绝，从而防止金属在焊接过程中被氧化。另外，助焊剂还可以减少焊料本身的张力，帮助焊料流动，使焊料附着力强，使焊点易于成形，有利于提高焊点的质量。

常用的助焊剂有无机助焊剂、有机助焊剂、松香类助焊剂。电子产品的焊接一般用松香类助焊剂。

松香类助焊剂的使用注意事项：

（1）松香类助焊剂反复加热使用后会炭化发黑，这时的松香不但没有助焊作用，而且会降低焊点的质量。

（2）在温度达到 600 ℃时，松香的绝缘性能下降，松香易结晶，稳定性变差，且焊接后的残留物对发热元器件有较大的危害(影响散热)。

(3) 存放时间过长的松香不宜使用,因为松香的成分会发生变化,活性变差,助焊效果也就变差,影响焊接质量。

4) 清洗剂

在完成焊接操作后,焊点周围通常存在残余焊剂、油污、汗迹、多余的金属物等杂质,这些杂质对焊点有腐蚀、伤害作用,会造成绝缘电阻值下降、电路短路或接触不良等,因此要用清洗剂对表面的焊斑进行清洗。常用的清洗剂有无水乙醇、航空洗涤汽油、三氯三氟乙烷等。

◆ 二、手工焊接工艺与训练

手工焊接是焊接技术的基础,也是电子产品装配中的一项基本技能。在电子产品的研发与试制、电子产品的小批量生产、电子产品的调试与维修中,都会用到手工焊接。手工焊接的要点是正确的焊接姿势和正确的操作方法。

1. 焊接姿势

手工焊接一般采用坐姿焊接,焊接时电烙铁与操作者鼻子之间的距离以 20～30 cm 为佳。焊接操作者握持电烙铁的方法有 3 种:反握法、正握法、笔握法(见图 3-6)。

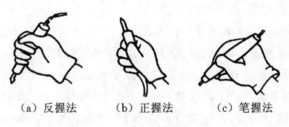

（a）反握法　　　（b）正握法　　　（c）笔握法

图 3-6　三种握持电烙铁的方法

2. 焊接方法

手工焊接常采用五步操作法:准备、加热、加焊料、撤焊料、撤电烙铁,如图 3-7 所示。第一步为准备工序,烙铁头与焊锡丝同时指向连接点。第二步,加热焊点,烙铁头先接触焊点,加热焊接部位。第三步,加焊料,即焊锡丝接触焊接部位,熔化焊锡。第四步,撤离焊锡丝。第五步,撤离电烙铁,当焊料的扩散范围达到要求后移开电烙铁。

焊锡丝

工件　　烙铁头

第一步　　　第二步　　　第三步　　　第四步　　　第五步

图 3-7　五步操作法

但在实际焊接过程中,五步操作法常常简化为三步,如图 3-8 所示。通常将五步中的第二步与第三步合为一步,即加热焊接部位与加焊料同时进行;将第四步与第五步合为一步,即同时移开焊料与电烙铁。

第一步　　　　　　　　第二步　　　　　　　　第三步

图 3-8　三步操作法

3. 手工焊接的操作要领

（1）焊接前要对被焊件表面进行清理，去除焊接面上的锈迹与油污等影响焊接质量的杂质。

（2）预先对元器件的引线进行镀锡。元器件引线经清洁处理后，应及时上锡，以避免再次氧化。

（3）助焊剂不要过量使用，过量的松香会延长加热时间，有可能使松香夹杂到锡中形成"渣"，影响焊料与被焊物的接触。

（4）保持烙铁头焊接面的清洁。多次使用电烙铁时，要用湿布或湿海绵不时擦拭烙铁头，以免处于高温的烙铁头表面被氧化而形成黑色杂质，影响加热。

（5）烙铁头上要保留一定量的焊锡，作为焊接时被焊件与烙铁头之间的传热"桥梁"，增大烙铁头与焊件的接触面积，提高传热效率。

（6）焊接时间要合适。应根据被焊件的形状、性质、特点等来确定合适的焊接时间，包括被焊件表面达到焊接温度的时间、焊锡熔化的时间、助焊剂发挥作用及生成金属合金的时间。焊接时间过短，焊锡流动不充分，会造成焊点不均匀，焊点夹渣；如焊接时间过长，将导致焊接温度升高，焊锡氧化。除了特殊焊点外，一般焊接时间为 3 到 5 秒。

（7）焊接时，确保焊点上的焊料充分润湿焊盘，且孔内也要润湿填充。焊接结束，焊料与电烙铁撤离焊点时，要注意烙铁头的撤离方向，被焊件要保持相对稳定，让焊点自然冷却，不要采用强制性冷却方式，以免产生气泡而造成虚焊。烙铁撤离方向与焊料之间的关系如图 3-9 所示。

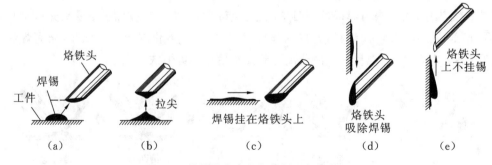

（a）　　　　（b）　　　　（c）　　　　（d）　　　　（e）

图 3-9　烙铁撤离方向与焊料之间的关系

（8）为确保焊接质量的稳定，待焊点完全冷却后，要对焊点进行清洗，避免焊接时污物落在焊点上侵蚀焊点。

4. 焊点要求及质量检查

（1）焊点要有可靠的电气连接。良好的焊点应该具有可靠的电气连接性能，不允许出现虚焊、桥接等现象。

（2）焊点要有足够的机械强度。电子产品完成装配后,在搬运、使用的过程中会产生振动,因此要求焊点具有可靠的机械强度,保证被焊件在受到冲击或振动时不至于脱落松动。

通常焊点的连接形式与机械强度也有一定的关系。焊点的连接形式有插焊、钩焊、绕焊、搭焊四种,如图 3-10 所示。

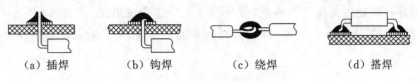

（a）插焊　　　　（b）钩焊　　　　（c）绕焊　　　　（d）搭焊

图 3-10　焊点的四种连接形式

① 插焊。插焊是将被焊接元器件的引线或导线插入洞形或孔形接点中进行焊接。有些插接件的焊接需将导线插入接线柱的洞孔中,也属于插焊的一种。它适用于元器件带有引线,插针或插孔及印制板的常规焊接。

② 钩焊。钩焊是将被焊接元器件的引线或导线钩接在被连接件的孔中进行焊接。它适用于不便缠绕但又要求有一定机械强度和便于拆焊的接点上。

③ 绕焊。绕焊是将被焊接元器件的引线或导线缠绕在接点上进行焊接,其优点是焊接强度高。此方法应用很广泛,高可靠整机产品的焊接点通常采用这种方法。

④ 搭焊。搭焊是将被焊接元器件的引线或导线搭在接点上进行焊接。它适用于易调整或改动的临时焊点。

（3）要求焊点外观光洁、整齐。良好的焊点要求焊料用量恰到好处,外表有金属光泽、清洁、平滑,没有裂纹、针孔、拉尖、桥接等现象,焊锡量适中并呈裙状拉开,焊锡与被焊件之间没有明显的分界。

5.焊点的常见缺陷及原因分析

（1）虚焊。虚焊又称假焊,是指焊接时焊点内部没有形成金属合金的现象。造成虚焊的原因是引脚氧化层没有处理好,焊点下沉,焊料与引脚之间没有吸附力,或是焊接温度过低,焊接结束但锡焊尚未凝固时焊接元件被移动等。虚焊会使电路接触不良,信号时有时无,噪声增加,电路工作不正常。常见的虚焊现象如图 3-11(a)、(b)所示。

（2）拉尖。拉尖是指焊点表面有尖角、毛刺的现象。拉尖会造成外观不佳,容易出现桥接等现象;对于高压电路,有时会出现尖端放电的现象。造成拉尖的主要原因是烙铁头离开焊点的方向不对、离开速度太慢、焊料质量不好或杂质较多、焊接时温度过低等。拉尖如图 3-11(c)所示。

（3）桥接。桥接是指焊锡将电路之间不应连接的地方误焊接起来的现象。桥接会造成产品出现电气短路,有可能使相关电路的元器件损坏。桥接如图 3-11(d)所示。

（4）球焊。球焊是指焊点形状像球形、与印制板只有少量连接的现象。球焊会造成焊接的机械强度差,易造成虚焊或断路故障。球焊如图 3-11(e)所示。

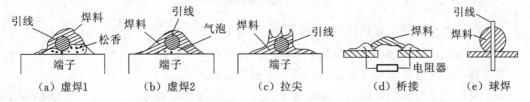

（a）虚焊1　　　（b）虚焊2　　　（c）拉尖　　　（d）桥接　　　（e）球焊

图 3-11　焊点的常见缺陷

(5) 印制板铜箔起翘、焊盘脱落,是指印制板上的铜箔部分脱离印制板的绝缘基板,或铜箔脱离基板并完全断裂的情况。印制板铜箔起翘、焊盘脱落会造成电路断路或元器件无法安装,严重时会造成整个印制板损坏。

(6) 导线焊接不当。导线的焊接在电子产品的装配中占有重要位置,导线焊点的失效率高于元器件在印制电路板上的焊点,导线焊接不当会造成短路、虚焊、焊点处接触电阻增大、焊点发热、电路工作不正常等故障,且外观难看。常见的导线焊接不当现象如图 3-12 所示。

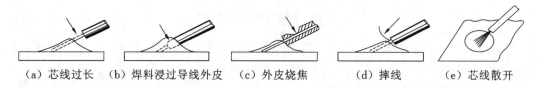

(a) 芯线过长　(b) 焊料浸过导线外皮　(c) 外皮烧焦　(d) 摔线　(e) 芯线散开

图 3-12　常见的导线焊接不当现象

(7) 锡球、锡渣。锡球、锡渣是指 PCB 表面附着多余的焊锡球、锡渣,会导致细小管脚短路。

(8) 少锡。少锡是指锡点太薄,不能将零件铜皮充分覆盖,影响连接固定作用。

(9) 多锡。多锡是指零件脚完全被锡覆盖,即形成外弧形,使零件外形及焊盘位不能见到,不能确定零件及焊盘是否上锡良好。

◆　三、元器件安装工艺与训练

电子元器件安装通常是指将元器件的引脚插入印制板电路上相应的安装孔内。元器件插装示例如图 3-13 所示,具体要求如下。

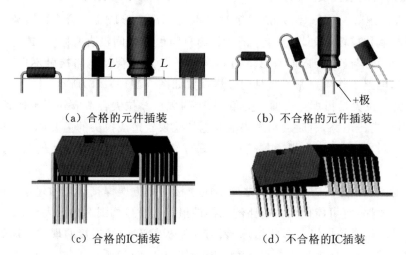

(a) 合格的元件插装　　(b) 不合格的元件插装

(c) 合格的IC插装　　(d) 不合格的IC插装

图 3-13　元器件插装示例

(1) 使元器件的标记和色码朝上,以便于辨认。

(2) 有极性的元器件由极性标记方向决定插装方向。

(3) 插装应该遵循先轻后重、先里后外、先低后高的原则。

(4) 应注意元器件间的距离。印制板上元件之间的距离不能小于 1 mm,引线间的间隔要大于 2 mm；当有可能接触到时，引线要套绝缘套管。

（5）对于较大、较重的特殊元器件，如大电解电容、变压器、阻流圈、磁棒等，插装时必须用金属固定件或固定架加强固定。

◆ 四、元器件的拆焊工艺与训练

拆焊又称解焊，是指把元器件从原来已经焊接的安装位置上拆卸下来。当焊接出现错误、元器件损坏以及调试、维修电子产品时，就要进行拆焊。如果拆焊的方法不当，很容易将元器件损坏，并破坏原焊接点。

1. 拆焊的常用工具和材料

拆焊的常用工具和材料有普通电烙铁、镊子、吸锡器、吸锡电烙铁、拆焊针管、吸锡编织带（细铜网）等。

2. 拆焊操作的原则

拆焊时不能损坏需拆除的元器件及导线，也不能损坏焊盘和印制电路板上的铜箔。拆除过程中不要移动其他元器件，若因拆除需要必须移走其他元器件的情况除外，拆焊结束后必须做好其他元器件的复原工作。

3. 常用的拆焊方法

常用的拆焊方法有剪断拆焊法、分点拆焊法、集中拆焊法和吸锡工具拆焊法。

1）剪断拆焊法

当被拆焊的元器件可能需要多次更换，或已经拆焊过时，可采用剪断拆焊法。其方法是先用斜口钳或剪刀贴着焊点根部剪下元器件，再用电烙铁加热焊点，接着用镊子将线头取出。这种方法简单易行，在引线允许剪断的条件下是一种最便利的方法。

2）分点拆焊法

当需要拆焊的元器件引脚不多（如电阻、电容、二极管、三极管等），且待拆焊的焊点距其他焊点较远时，可采用电烙铁进行分点拆焊。其操作方法是将印制板用电烙铁加热，先拆下一个引脚的焊点，再拆下另一个引脚的焊点。

3）集中拆焊法

集中拆焊法是用电烙铁同时交替加热几个焊接点，待焊锡熔化后一次拔出元器件。此方法要求加热迅速，注意力集中，动作要快，引线不能过多。对于表面贴装元器件，要用热风枪给元器件加热，待焊锡熔化后将元器件取下。

4）吸锡工具拆焊法

当需要拆焊的元器件引脚多、引线较硬，或焊点之间的距离很近且引脚较多时，要使用吸锡工具拆焊，如多脚的集成电路拆焊。这种方法利用吸锡工具的内置空腔的负压作用，将加热后熔化的焊锡吸进空腔，使元器件的所有引脚与焊盘分离，即可拆下元器件。

◆ 五、贴片元件的焊接工艺与训练

随着电子产品小型化和元器件集成化的发展趋势，以短、小、轻、薄为特点的表面安装器件的应用越来越广泛，贴片元件的使用越来越多，对贴片元件的焊接要求也越来越高。

1. 贴片集成芯片的焊接

贴片集成芯片引脚较多，焊接间距很小，焊接的难度相对较高，具体焊接步骤如下：

（1）焊接前的预处理。焊接之前先在焊盘上涂上助焊剂，用烙铁处理一遍，以免焊盘镀锡不良或被氧化，造成焊不上锡，芯片一般不需要处理。

（2）芯片位置的对准。用镊子小心地将芯片放到 PCB 上，注意不要损坏引脚。要保证芯片的放置方向正确，使其与焊盘对齐。把烙铁的温度调到 300 多摄氏度，将烙铁头沾上少量的焊锡，用工具向下按住已对准位置的芯片，在芯片两个对角位置的引脚上先加少量的焊锡进行焊接，使芯片固定而不能移动。焊完对角后重新检查芯片的位置是否对准。如有必要可对芯片进行调整或拆除，并重新在 PCB 上对准位置。

（3）芯片的焊接。开始焊接所有的引脚时，应在烙铁头加上焊锡，将所有的引脚涂上焊锡，使引脚保持湿润。用烙铁头接触芯片每个引脚的末端，直到看见焊锡流入引脚。在焊接时要保持烙铁头与被焊引脚并行，防止因焊锡过量而发生搭接。

（4）焊后的处理。焊完所有的引脚后，用助焊剂浸湿所有引脚以便清洗焊锡。在需要的地方吸掉多余的焊锡，以消除任何可能的短路和搭接。最后用镊子检查是否有虚焊，检查完成后，清除电路板上的助焊剂，将硬毛刷浸入酒精后沿引脚方向仔细擦拭，直到助焊剂消失为止。

2. 贴片阻容元件的焊接

贴片阻容元件则相对容易焊一些，可以先在一个焊点上点上锡，然后放上元件的一头，用镊子夹住元件，焊上一头之后，再看看是否放正了，如果已放正，就焊上另外一头。

若贴片阻容元件的管脚很细，则在放置元件前可以先对元件的管脚加锡，然后用镊子夹好元件，在桌边轻磕，去除多余焊锡，在焊接时电烙铁不用上锡，用烙铁头直接焊接即可。

在贴片元件焊接完成后，应当对电路板上所有焊点的质量进行全面的检查。若有问题，及时修理、补焊。

 相关知识

◆ **一、安全生产与防静电知识**

安全生产，预防静电，是电子产品生产制造中的重要内容。

1. 安全生产

安全生产是指在生产过程中确保电子产品、使用的工具、仪器设备和人身的安全。在生产过程中必须注意以下几点：

（1）操作带电设备时勿触及非安全电压的导电部分。

（2）无论是永久性的还是临时性的电气设备或电动工具，都应接好安全保护地线。

（3）调试高压设备时，操作人员应穿绝缘鞋，戴绝缘手套，排除故障时，注意应先断开电源并对高压器件放电。

（4）酒精、汽油、香蕉水等易燃物品应妥善保管，不能放置在明火附近。

（5）操作中剪下的导线头和金属以及其他的剩余物，应妥善处理，不能乱放乱甩。

2. 电子元器件生产中的静电防护

静电的损伤是在人们不知不觉中发生的，人体产生的静电通常在 1 万伏以上。绝缘体

之间摩擦、接触、分离等，都可因得到或失去电荷而产生极高的静电电压。

电子元器件的种类不同，受静电破坏的程度也不一样，不到 100 V 的静电电压也会对电子元器件造成破坏。静电对集成电路(IC)的破坏不仅体现在电子元器件的制作工序当中，而且在 IC 的组装、运输等过程中都会对其产生破坏。静电将直接导致元器件损坏或特性下降，特性下降的元器件最终将导致电路失效。

1) 静电的特点与产生静电的原因

静电的特点是：①电位高。静电产生的电压可达数万至数十万伏，操作时常达到数百至数千伏(人体通常不易感觉到 3 kV 以下的静电)。②电量低。静电产生的电流多为微安级(尖端瞬间放电例外)。③作用时间短。静电的放电时间极短，一般在微秒级的时间内。④受环境影响大。静电受环境的影响很大，特别是湿度的影响。当湿度上升，绝缘体表面的电阻降低，静电积累减少，静电电压下降。

产生静电的原因主要有：①摩擦剥离起电，物质的结合和分离都会产生静电。②感应起电。③电容的改变。

2) 静电的防护

在电子产品的生产制造中，人体的运动是静电产生的最主要根源，因此人体是最大的静电源。人体的静电需通过地线放电才能消除。

对人体静电的控制，主要是通过减少静电电荷的产生和人体接地释放静电电荷两种方法来实现的。减少静电电荷的产生的措施主要有戴工帽、手套、指套，穿工衣、工鞋等；人体接地释放静电电荷的措施主要有佩戴防静电手腕带、使用防静电座椅等，从而安全地释放人体产生的静电，达到静电防护的目的。

在 CMOS 集成电路的生产制造中，由于 MOS 场效应管绝缘栅极的输入阻抗极高，很容易被静电击穿而损坏，有时手指无意间碰到了 CMOS 芯片的引脚就可能导致该芯片被击穿，因此静电的防护尤为重要。

在静电防护作业场所，静电防护的具体措施如下：

① 佩戴防静电手腕带。

防静电手腕带由手腕带(松紧圈)和接地线两部分组成，手腕带使用柔软而富有弹性的材料配以导电丝混编而成，其导电性能好，长度可任意调节，弹簧接地线能经受 30000 次以上的环境试验而不断裂。佩戴防静电手腕带可使人体活动中产生的静电导入大地。接地线一端串接有一个 1 MΩ 的限流电阻并与腕带扣连接，另一端可保持与接地点相连。一方面应保证操作者在触及高电压时流过人体的电流不大于 5 mA，另一方面要保证人体所带的静电能通过该电阻很快泄放，使皮肤上的静电小于 100 V，且静电泄放至 100 V 以下的时间小于 0.1 s。

手腕带佩戴方法：将手腕带扎于手腕处，不能松动，手腕感觉四周握紧。保证手腕带内表面与皮肤良好接触，接地线与接地点连接。

防静电手腕带需定期测试，建议每月测试一次。对于测试结果不满足要求的防静电手腕带，应停止使用。(注：电阻在 0.8~1.2 MΩ 之间符合要求)

还有一种无绳手腕带，其工作原理是：根据电晕放电效应和尖端放电原理，当聚积的电荷超过一定值时因电位差向空间放电，从而达到消除静电的目的。在无绳手腕带的外部设有一只螺丝，与内部导体回路联结。当人员不当碰触高静电源，造成瞬间导入大量静电荷，在离子中和不及完成时,可通过螺丝外界的空气水分子达成离子中和,使静电有效排除,从而达到静电泄放(静电压平衡)的最终目的。同时,该螺丝具备电位归零功能,只需将螺丝碰触接地,即可实现人体电位的归零。

② 将测试仪、工具、烙铁等接地。

所用仪器仪表、电烙铁的可靠接地可使其外壳与地保持同电位。使用交流电源的工具必须采用硬接地措施接入电气保护地,硬接地是指使物体直接与地相连接;使用电池的工具和气动工具(如电动螺丝刀等)需要采用软接地措施,软接地是指使物体通过一个足够高的阻抗接往大地。防静电烙铁的金属外壳应接保护地,烙铁头必须具有硬接地通路,烙铁头的接地电阻要求小于 $1.0\ \Omega$,由于烙铁头长时间在高温状态下容易氧化,因此日常检查测试时其接地电阻小于 $20\ \Omega$ 可以接受。

③ 操作人员穿防静电工衣、工鞋。

穿着用导电纤维制成的防静电工作服和用导电橡胶制作的防静电鞋,可以减少人体运动中产生的静电。

④ 工作台面铺设防静电台垫后接地。

铺设防静电台垫可以防止电子元器件、工具或人体移动时与桌面摩擦产生静电。防静电台垫主要由导静电材料、静电耗散材料及合成橡胶制作而成。产品一般为二层结构,表面层为静电耗散层,颜色有绿色、蓝色等,底层为导电层,一般为黑色。防静电台垫可以使人体及台面接触的工具、仪表等达到均一的电位并释放静电,同时使静电敏感器件不受摩擦起电等静电放电现象的干扰,从而达到静电防护的效果。

⑤ 地面铺设防静电地板或导电橡胶地垫。

二、自动焊接技术

随着电子工业的快速发展,手工焊接难以满足高效率和高可靠性的要求,而自动焊接技术能够大大提高焊接速度、提高生产效率、降低生产成本。常见的自动焊接技术有浸焊技术、波峰焊技术、再流焊技术等,另外,在电子产品装配中还要求应用无铅焊接技术。

1. 浸焊

浸焊是将插装好元器件的印制电路板浸入有熔融状焊料的锡锅内,一次完成电路板上所有焊点的焊接过程。

1)浸焊的工艺流程

① 插装元件。将需要焊接的元器件插装在印制电路板上。

② 喷涂焊剂。在安装好元器件的印制板上喷涂助焊剂,并用加热器烘干助焊剂。

③ 浸焊。将印制电路板送入装有熔融状焊料的焊槽进行浸焊,浸入的深度为印制板厚度的 $50\%\sim70\%$,浸焊时间为 $3\sim5\ \mathrm{s}$。

④ 冷却剪脚。焊接完毕后进行冷却(风冷),待焊锡完全凝固后,送至切头机上,按标准剪去过长的引脚,一般引脚露出锡面长度不超过 $2\ \mathrm{mm}$。

⑤ 检查修补。检查外观是否有焊接缺陷,若有少量缺陷,可用电烙铁修补;若缺陷较多,则必须重新浸焊。

2)浸焊的特点

浸焊生产效率高,操作简单,适用于批量生产,可以消除漏焊现象。但浸焊的焊接质量不高,需要补焊修正,焊槽温度控制不当时,会导致印制板起翘、变形,损坏元器件。

2. 波峰焊

波峰焊是让插装好元器件的印制板的焊接面直接与高温液态锡的波峰接触,从而达到焊接目的。其中高温液态锡保持一个斜面,并用特殊装置使液态锡形成一道道类似波浪的现象,所以叫"波峰焊"。波峰焊主要用于传统通孔插装印制电路板的电装工艺,以及表面组装与通孔插装元器件的混装工艺。波峰焊示意图如图 3-14 所示。

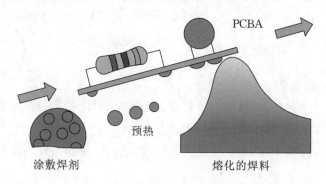

图 3-14 波峰焊示意图

1) 波峰焊工艺流程

① 焊前准备。焊前要将元器件引脚搪锡、成型,准备并清洁印制电路板。

② 元器件插装。根据电路要求,将已成型的有关元器件插装在印制电路板上,一般采用流水线作业。

③ 喷涂焊剂。将插装好元器件的印制板通过运输带送入喷涂焊剂装置,将焊剂均匀地喷涂在印制板和元器件引脚上,以清除氧化物、增加可焊性。

④ 预热。对已喷涂焊剂的印制板进行预热,以去除印制板上的水分,激活焊剂,减少波峰焊接时给印制电路板带来的热冲击,提高焊接质量。一般预热温度为 70~90 ℃,预热时间为 40 s。可采用热风加热和红外线加热。

⑤ 波峰焊接。传送装置将印制板送入焊料槽,由机械泵源源不断地泵出熔融的焊锡,形成一股平稳的焊料波峰与印制板接触,完成焊接过程。

⑥ 冷却。焊接后必须进行冷却处理,一般用风扇进行冷却。一是使焊点迅速凝固,二是避免长时间高温对元器件和印制板的损伤。

⑦ 清洗。在印制板冷却后,对印制板上残留的焊剂、废渣和污物进行清洗,以免日后残留物侵蚀焊点而影响焊接质量。

2) 波峰焊的特点

波峰焊是借助锡泵使熔融的焊锡不断垂直向上地朝狭长出口涌出,形成 10~40 mm 高的波峰。这样焊锡便以一定的速度与压力作用于 PCB 上,充分渗入待焊的元器件引脚与 PCB 之间,使之完全湿润并进行焊接。采用波峰焊时,电路板与波峰顶部接触,无任何氧化物和污染物,因此焊接质量较高,并且能实现大规模生产。与浸焊相比,波峰焊可明显降低漏焊的比例。由于焊料波峰的柔性,即使 PCB 不够平整,只要翘曲度在 3% 以下,仍可保证焊接质量。

波峰焊工艺的效率高,最适合单面印制板的大批量生产,焊接温度、时间、焊料和焊剂的用量能够得到较好的控制。但波峰焊容易造成焊点的桥接现象,需要补焊修正。

3. 再流焊

再流焊又称回流焊,主要用于贴片元器件的焊接。

这种焊接技术是预先将焊料加工成粉末状的颗粒,并拌以适当的液态黏合剂,使之成为糊状的焊锡膏;然后将焊锡膏涂到印制板的焊盘上,再把贴片元器件贴放到相应的位置,焊锡膏具有一定黏性,能使元器件固定;最后将贴装好元器件的印制板送入再流焊设备中加热,使焊锡膏中的焊料熔化而再次流动,浸润待焊接处,达到将元器件焊接到印制板上的目的。

1) 再流焊的工艺流程

(1) 焊前准备。焊接前,准备好需要焊接的印制电路板、贴片元器件等材料以及焊接工具,并将粉末状焊料、焊剂、黏合剂制成糊状焊锡膏。

(2) 点焊锡膏。使用手工、半自动或自动丝网印刷机,如同油印一样将焊锡膏印到印制板上。

(3) 贴装(印刷)SMT 元器件。用手工或自动化装置将 SMT 元器件粘贴到印制电路板上,使它们的电极准确地定位于各自的焊盘。这是焊锡膏的第一次流动。

(4) 加热、再流。将贴装好 SMT 元器件的印制板送入加热炉,根据焊锡膏的熔化温度,加热焊锡膏,使焊锡膏在被焊工件的焊接面再次流动,达到将元器件焊接到印制电路板上的目的。由于焊锡膏在贴装(印刷)SMT 元器件的过程中已流动过一次,焊接时的这次熔化流动是第二次流动,故称为再流焊。再流焊区的最高温度应控制在使焊锡膏熔化,且使焊锡膏中的焊剂和黏合剂气化并排掉的温度。再流焊的加热方式通常有红外线辐射加热、激光加热、热风循环加热、热板加热及红外光束加热等方式。

(5) 冷却处理。焊接完毕,及时将焊接板冷却,避免长时间的高温损坏元器件和印制板,并保证焊点的稳定连接。一般用冷风进行冷却处理。

(6) 检验测试。进行电路检验测试,检查焊点连接的可靠性及有无焊接缺陷。

(7) 修复、整形。若焊接点出现缺陷,及时进行修复并对印制板进行整形。

(8) 清洗、烘干。修复整形后,对印制板面残留的焊剂、废渣和污物进行清洗,以免日后残留物侵蚀焊点而影响焊点的质量。然后进行烘干处理,以去除板面水分并涂敷防潮剂。

2) 再流焊技术的特点

(1) 再流焊的元器件不直接浸渍在熔融的焊料中,所以被焊元器件受到的热冲击小,不会因为过热而造成元器件的损坏。

(2) 能在前导工序里控制焊料的施加量,减少了虚焊、桥接等焊接缺陷的产生,所以焊接质量好,焊点的一致性好、可靠性高。

(3) 再流焊的焊料是商品化的焊锡膏,能够保证组分的正确性,一般不会混入杂质,而且是一次性使用,不存在再次利用的情况,因而焊料很纯净,保证了焊点的质量。

(4) 再流焊的外部加热的热源可以对印制板进行局部加热,因此能在同一基板上采用不同的焊接方法进行焊接。

(5) 工艺简单,返修的工作量很小。

任务评价

技能测试:手工焊接考核

此次考核应在经过一定课时的手工焊接训练后进行。手工焊接训练的焊点数应达到300点以上。手工焊接训练中所消耗的PCB和插接元器件,可选用废旧PCB及废旧元器件,也可用多孔板和单芯导线代替(一块尺寸为15 cm×9 cm的多孔板所提供的焊点数可达52×30＝1560个;500个焊点所需要的ϕ＝0.8 mm的单芯导线的长度约为500×7 mm＝3.5 m)。

评价内容:元器件的手工焊接工艺。根据表3-4的内容,对每个项目进行评分。

评价目的:检查与测试学生对焊接工具和焊料的使用情况、对焊接工艺的掌握情况,以及焊点质量是否良好。

评价方法:在规定的时间内,根据焊点的数量与质量,焊点的光滑、美观、牢固情况,参照表3-4的内容进行综合评分。

表3-4　手工焊接考核评分表

项目	焊前准备	元器件插装	印制电路板焊接	拆焊	焊点清洁	焊接质量检查与缺陷分析	总分
分值	20分	10分	30分	20分	10分	10分	100分
得分							

各项评价内容的具体要求如下:

(1)焊前准备。

① 焊接前需检查焊料中是否有污物。

② 清洁被焊物表面。

③ 焊接前必须佩戴好防静电手环及做好其他静电防护措施。

(2)元器件插装要求。

① 直插式元器件的安装位置无误,安装方向正确。

② 接插件的插入方向与安装高度符合要求。

(3)印制电路板焊接要求。

① 目测各焊点的焊接牢固,无虚焊、假焊、焊点粘连等现象。

② 各焊点的电气连接检查与机械强度的判断。

③ 焊接完成后的5S操作。

(4)存在问题与故障排除情况。

对元器件的插装是否正确、焊点是否美观、连接是否可靠的问题及故障排除情况进行记载。此项目的评价得分只作为总分的调节分。

知识拓展

表面贴装技术(SMT)

◆ 一、SMT 概述

1. 什么是 SMT

SMT(surface mount technology,表面贴装技术)是一种现代化的电路板组装技术,它实现了电子产品组装的小型化、高可靠性、高密度、低成本和生产自动化。目前,在先进的电子产品特别是计算机及通讯类电子产品的组装中,已普遍采用表面贴装技术。在我国电子行业标准中将 SMT 称为表面组装技术,也常叫作表面安装技术或表面装配技术。表面贴装技术是将电子元器件贴装在印制电路板表面(而不是将它们插装在电路板的孔中)的一种电子装联技术。

2. SMT 的历史

表面贴装不是一个新的概念,它源于较早的工艺,如平装和混合安装。电子线路的装配最初采用点对点的布线方法,而且根本没有基片。第一个半导体器件的封装采用放射形的引脚,将其插入已用于电阻和电容器封装的单片电路板的通孔中。20 世纪 50 年代,平装的表面贴装元件作为高可靠性技术应用于军事领域,60 年代,混合技术得到了广泛应用,70 年代,无源元件被广泛使用,近十年有源元件被广泛使用。

3. SMT 的特点

SMT 的特点是组装密度高,电子产品体积小、重量轻,贴片元件的体积和重量只有传统插装元件的 1/10 左右。一般采用 SMT 之后,电子产品体积缩小 40%～60%,重量减轻 60%～80%。SMT 产品可靠性高、抗震能力强;焊点缺陷率低,高频特性好,减少了电磁和射频干扰;且易于实现自动化,提高生产效率,降低成本达 30%～50%;节省材料、能源、设备、人力、时间等。

4. SMT 的优势

现在电子产品追求小型化,而以前使用的穿孔插件元件已无法缩小;电子产品功能更完善,所采用的集成电路(IC)已无穿孔元件,特别是大规模高集成 IC,不得不采用表面贴片元件;产品批量化,生产自动化,厂方追求低成本高产量,打造优质产品以迎合顾客需求及加强市场竞争力;电子科技革命势在必行,电子元件的发展、集成电路(IC)的开发、半导体材料的多元应用等,都使顺应国际潮流的 SMT 工艺尽显优势。

5. SMT 与 THT 的区别

SMT 与传统 THT(插孔安装)的根本区别是:SMT 重视"贴",THT 重视"插",且元器件完全不一样。THT 与 SMT 的安装尺寸的比较见图 3-15,两者的区别见表 3-5。

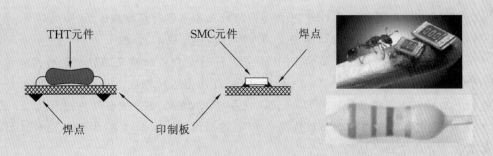

图 3-15　THT 与 SMT 的安装尺寸的比较

表 3-5　THT 和 SMT 的区别

类型	缩写	元器件	基板	焊接	安装方法
通孔插装	THT	单、双列直插 IC,针阵列 PGA,有引线电阻、电容	采用 2.54 mm 网格设计,通孔孔径为 0.8～0.9 mm	波峰焊、浸焊、手工焊	穿孔插入
表面安装	SMT	SO、QFP、BGA 等,尺寸比 DIP 要小许多,片式电阻、电容	采用 1.27 mm 网格或更细网格设计,通孔孔径为 0.3～0.5 mm,布线密度高	再流焊、波峰焊、手工焊	表面贴装

6. SMT 有关的技术组成

① 电子元件、集成电路的设计制造技术。

② 电子产品的电路设计技术。

③ 电路板的制造技术。

④ 自动贴装设备的设计制造技术。

⑤ 电路装配制造工艺技术。

⑥ 装配制造中使用的辅助材料的开发生产技术。

二、SMT 工艺

基本工艺流程:丝印(或点胶)→贴装→(固化)→回流焊接→清洗→检测→返修。

(1) 丝印:其作用是将焊膏或贴片胶漏印到 PCB 的焊盘上,为元器件的焊接做准备。所用设备为丝印机(丝网印刷机),位于 SMT 生产线的最前端。

(2) 点胶:它是将胶水滴到 PCB 的固定位置上,其主要作用是将元器件固定到 PCB 上。所用设备为点胶机,位于 SMT 生产线的最前端或检测设备的后面。

(3) 贴装:其作用是将表面组装元器件准确地安装到 PCB 的固定位置上。所用设备为贴片机,位于 SMT 生产线中丝印机的后面。

(4) 固化:其作用是将贴片胶熔化,从而使表面组装元器件与 PCB 牢固粘接在一起。所用设备为固化炉,位于 SMT 生产线中贴片机的后面。

(5) 回流焊接:其作用是将焊膏熔化,使表面组装元器件与 PCB 牢固粘接在一起。所用设备为回流焊炉,位于 SMT 生产线中贴片机的后面。

（6）清洗：其作用是将组装好的PCB上面的对人体有害的焊接残留物（如助焊剂）等除去。所用设备为清洗机，位置可以不固定，可以在线，也可以不在线。

（7）检测：其作用是对组装好的PCB进行焊接质量和装配质量的检测。所用设备有放大镜、显微镜、在线测试仪（ICT）、飞针测试仪、自动光学检测（AOI）系统、X-RAY检测系统、功能测试仪等。根据检测的需要，以上设备可以配置在生产线合适的地方。

（8）返修：其作用是对检测出现故障的PCB进行返工。所用工具为烙铁、返修工作站等，配置在生产线中任意位置。

◆ 三、表面组装元器件 SMC（SMD）

优点：无引线或短引线，直接贴装在印制电路板表面，将电极焊接在与元器件同一面的焊盘上。

缺点：元器件与印制电路板表面非常贴近，与基板间隙小，清洗困难等。

1. 电阻器

（1）分类：按封装外形分，可分为片状和圆柱状两种。

（2）片式电阻外形及特点：片式电阻由元件端子（焊接端）及本体组成，一般为黑色，外形如图3-16所示，外形尺寸见图3-17和表3-6。大于0402尺寸的，一般均有丝印标示其特性值，主要参数有阻值、误差、额定功率、尺寸等，一般均用"R"表示。

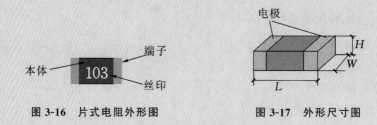

图 3-16　片式电阻外形图　　　　　图 3-17　外形尺寸图

表 3-6　片式电阻尺寸对应表

公制名称	英制名称	元件长度 L /(mm/in)	元件宽度 W /(mm/in)	元件高度 H /(mm/in)
0603	0201	0.6/0.02	0.3/0.01	0.25/0.01
1005	0402	1.0/0.04	0.5/0.02	0.35/0.014
1608	0603	1.6/0.06	0.8/0.03	0.45/0.018
2012	0805	2.0/0.08	1.25/0.05	0.6/0.024
3216	1206	3.2/0.12	1.6/0.06	0.6/0.024

（3）片式电阻的标识。

电阻的阻值及误差一般可用数字标记印在电阻器上。

① 误差小于5%的贴片电阻一般用三位数表示：前两位为有效数字，第三位表示加"0"的个数。例如：丝印"103"表示电阻值为"10"后再加3个"0"，即10 000 Ω（10 kΩ）；丝印"112"表示电阻值为"11"后再加2个"0"，即1100 Ω（1.1 kΩ）。

② 精密电阻通常用四位数表示，前三位为有效数字，第四位表示加"0"的个数。例如："3301"表示"330"后加 1 个"0"，即 3300 Ω（3.3 kΩ）；"2012"表示"201"后加 2 个"0"，即 20 100 Ω（20.1 kΩ）。

③ 对于阻值较小的电阻(小于 10 Ω)，在两个数字之间补加"R"。例如：丝印为"6R8"，表示"6.8 Ω"；丝印为"R39"，表示"0.39 Ω"；"000"表示"0 Ω"(跨接线)。

（4）片式电阻的功率表示如 1/8 W、1/16 W 等。

（5）排阻：由多个电阻组成，其外形如图 3-18 所示，其他同前述。

2. 电容器

（1）分类：陶瓷系列电容器和电解电容器。

（2）片式陶瓷电容的外形及特点：片式陶瓷电容由元件端子(焊接端)及本体组成，一般为灰色或淡黄色，外形如图 3-19 所示，外形尺寸见表 3-7，无丝印，主要参数有容值、误差、耐压、尺寸等，一般均用"C"表示。

图 3-18　排阻外形图　　　　　　　　　　图 3-19　陶瓷电容外形图

表 3-7　电容器尺寸对应表

公制名称	英制名称	元件长度 L /(mm/in)	元件宽度 W /(mm/in)	元件高度 H /(mm/in)
0603	0201	0.6/0.02	0.3/0.01	0.25/0.01
1005	0402	1.0/0.04	0.5/0.02	0.35/0.014
1608	0603	1.6/0.06	0.8/0.03	0.45/0.018
2012	0805	2.0/0.08	1.25/0.05	0.6/0.024
3216	1206	3.2/0.12	1.6/0.06	0.6/0.024

（3）铝电解电容外形与特点：铝电解电容外形如图 3-20 所示。铝电解电容又称水桶电容，由塑胶底座、金属封装外壳及元件引脚组成，元件有极性，金属外壳上有标示的一侧为"－"，元件底座的斜边一侧为"＋"，底座形状应与 PCB 上的丝印对应。

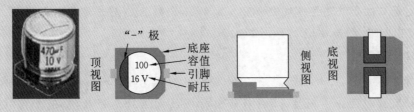

图 3-20　铝电解电容外形图

钽电解电容外形如图 3-21 所示。钽电解电容与片式陶瓷电容比较,有标识的一侧为"＋"极,生产时应注意本体上有标识的一端与 PCB 上的丝印相对应。钽电解电容有金属焊脚。

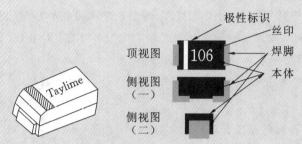

图 3-21　钽电解电容外形图

（4）电容的标识。

片式陶瓷电容的标识有两种,一种是直接用单位表示,如 10 pF、100 nF 等,另一种是类似阻值的数字标识方法,如"103"表示 10×10^3 pF,即 10nF,"301"表示 30×10^1 pF,即 300 pF。

铝电解电容元件一般采用直接标识,包含元件容值(以 μF 为单位)及耐压值。例如:丝印为"100 16 V"的电解电容,表示容量为 100 μF,耐压值为 16 V。

钽电解电容的标识类似片式陶瓷电容的数字标识法,例如:丝印为"106"的电容,对应的容值为 10×10^6 pF＝10 μF。

3. 片式电感

片式电感无极性,用"L"表示。片式电感的外形如图 3-22 所示。

图 3-22　片式电感外形图

4. 二极管

（1）普通二极管。普通二极管如图 3-23 所示。二极管有片状塑料封装和无引线柱形玻璃封装两种,具有单向导通性,用"D"表示。二极管的安装应注意方向性,一般情况下,本体上有标识的一端为负(－)极。装配时为确保方向正确,应使用万用表判断元件方向,并对照 PCB 上的丝印来确定二极管的贴装方向正确无误。

（2）发光二极管。发光二极管如图 3-24 所示。给其加上正向导通电压时,发光二极管会发光,用 LED 表示,其他同普通二极管。

5. 三极管

三极管外形如图 3-25 所示,它有三个引脚,具有方向性,贴装时注意与 PCB 焊盘相对应。一般均有丝印区分不同型号,对料时应特别注意核对元件丝印,通常用"Q"表示三极管。

 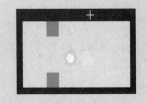 

图 3-23　二极管外形图　　图 3-24　发光二极管外形图　　图 3-25　三极管外形图

6. 集成电路

（1）小外形封装（SO）。小外形封装按体宽和引脚间距的不同可分为 SOP、SOL、SOW 几种，引脚大多数采用翼形设计，如图 3-26 所示。

图 3-26　SO 外形图

（2）方形扁平封装（QFP）。方形扁平封装如图 3-27 所示。其特点是四边都有引脚，有较高的封装率，能提供微间距。但工艺要求高，附带翼形引脚问题，尤其是在微间距应用上。

（3）有引脚塑封芯片封装（PLCC）。有引脚塑封芯片封装如图 3-28 所示，其引脚一般采用 J 形设计，有 16 至 100 脚，间距采用标准 1.27 mm 式，可使用专用插座，属于成熟技术。

图 3-27　QFP 外形图　　　　　　　图 3-28　PLCC 外形图

（4）球栅阵列封装（BGA）。球栅阵列封装如图 3-29 所示，这种封装技术是提高组装密度的一次革新，采用全面积阵列球形引脚的方式。球形引脚在器件底面上有完全分布和部分分布两种形式，完全分布的接点较多，但厚度也较大。接点多为球形，在陶瓷 BGA 上有采用柱形的。常用的焊球间距有 1.0 mm、1.27 mm 和 1.5 mm。

图 3-29　BGA 外形图

◆ 四、表面组装元器件的包装

（1）散装（或称袋装）：无引线且无极性的表面组装元器件可以散装，它可供手工贴装、维修等使用。

（2）编带包装：将表面组装元器件按一定方向逐只装入纸编带或塑料编带孔内并封装，再卷绕在带盘上，适合全自动贴片机使用。

（3）托盘包装：将表面组装元器件按一定方向排列在塑料盒中，适合夹具式贴片机使用。

（4）管式包装：主要用于 SO 等集成电路，适合于品种多、批量小的产品。

◆ 五、表面组装元器件的手工焊接与拆焊

1．工艺要求

（1）操作人员应戴防静电腕带。

（2）一般要求采用防静电恒温烙铁，采用普通烙铁时必须接地良好。

（3）焊接时不允许直接加热表面组装元器件的焊端及其引脚的脚跟以上部位，焊接时间不超过 3 s/次，同一焊点不超过 2 次，以免受热冲击而损坏元器件。

（4）烙铁头始终保持光滑，无钩、无刺。

（5）烙铁头不得重触焊盘，不要反复长时间在同一焊点加热，对于同一焊点，如第一次未焊妥，要等待片刻后，再进行焊接。

（6）不得划破焊盘及导线。

（7）拆卸 SMD 时，应等到全部引脚完全熔化时再取下元器件，以防破坏元器件的共面性。

2．用电烙铁进行焊接与拆焊

（1）焊接电阻、电容、二极管一类两端元件时，首先要在一个焊盘上镀锡，镀锡后电烙铁不要离开焊盘，使焊盘保持熔融状态，快速用镊子夹着元器件放到焊盘上，依次焊好两个焊端。

（2）焊接晶体管、集成电路时，先把芯片放在预定的位置上，用少量焊锡焊住芯片的对角进行定位，待器件固定准确后，再将其他引脚逐个焊牢。

（3）用电烙铁拆焊时，在待拆卸元件的两边脚位上添加适当的焊锡，用烙铁头对准该元件两边焊脚上的焊锡并快速移动，使其熔化，待两边焊锡同时熔化后，用烙铁头将焊锡和元件连同带出，然后清理焊盘上的焊锡残渣。

3．用热风枪进行焊接与拆焊

（1）用热风枪焊接。用电烙铁在焊点上加注少许焊锡，然后将待焊接的元器件放置到适当的位置，注意要放正，不可偏离焊点，使热风嘴沿着元器件周边迅速移动，均匀加热全部引脚焊盘，就可以完成焊接。

（2）用热风枪拆焊。一手用镊子夹住元器件，一手拿稳热风枪手柄，使热风嘴与待拆卸的元器件之间保持垂直，距离为 1～2 cm，沿元器件周边迅速移动，待元器件脚位上的焊锡熔化后，用镊子将元器件轻轻取下。

◆ 六、SMT 焊接质量

1. SMT 典型焊点

SMT 焊接质量要求同 THT 基本相似,要求焊点的焊料连接面呈半弓形凹面,焊盘与焊件交接处平滑,接触角尽可能小,无裂纹、针孔、夹渣,表面有光泽且光滑。

由于 SMT 元器件尺寸小,安装精度和密度高,因此对焊接质量要求更高。图 3-30 分别是矩形贴片和 IC 贴片的典型焊点图。

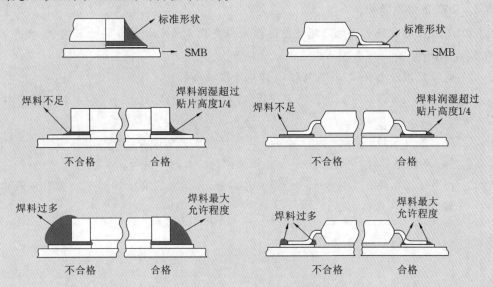

图 3-30 矩形贴片和 IC 贴片焊点图

2. SMT 常见焊点缺陷

SMT 常见焊点缺陷如图 3-31 所示,有焊料过多、漏焊、立片、焊球、桥接等。

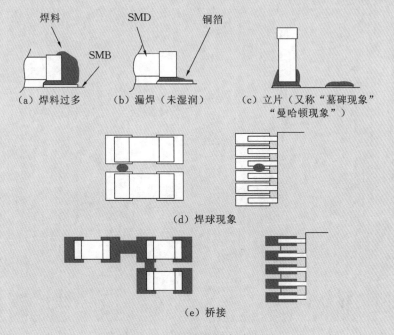

（a）焊料过多　（b）漏焊（未湿润）　（c）立片（又称"墓碑现象""曼哈顿现象"）

（d）焊球现象

（e）桥接

图 3-31 SMT 常见焊点缺陷图

◆ 七、SMT 的静电防护技术

1. SMT 的静电产生

当两件绝缘体相互摩擦，然后分开时，静电便会自动产生并分布于物件的表面。这些静电虽然电压颇高，但电流很小，所以不会对人体构成伤害，但会对静电敏感性元器件造成损害或潜伏性损坏。因此一定要采用一些设施及方法来防止贴片电子元器件被静电损坏。

2. SMT 的静电防护

（1）必须在有防静电设施的环境中进行操作并且正确地带上防静电手腕带；所有工具及仪器必须接地，并使用三线插头。

（2）必须用防静电胶管、胶袋及胶箱储藏或搬运元器件。

（3）保持环境清洁，不可放置能产生静电的物品，如胶料、皮革、纤维制品等在工作台上。

（4）当需要接触静电敏感性元器件时，必须配备防静电设备，此外，只可接触元器件本体，避免接触元器件引脚，即使元器件已安装在印制板上也不例外。

（5）切勿让元器件在工作台上滑行或发生摩擦，尤其是胶板台面。要在防静电地面或工作台上操作静电敏感性元器件。

DT9205A数字万用表的组装与调试

知识目标

（1）掌握 DT9205A 数字万用表的电路组成。

（2）掌握数字万用表中各部分电路的作用。

（3）掌握数字万用表的各功能转换电路原理。

（4）了解数字万用表中核心电路的工作过程及 ICL7106A 的引脚功能。

素养目标

（1）提升团队合作意识，提高整体联调能力。

（2）理解产品制作的整体要求，提高项目统筹能力，创新学习方法，提高劳动意识。

技能目标

（1）学会 DT9205A 数字万用表中各类元器件的质量检测方法。

（2）学会按照工艺要求安装电路与组装结构。

（3）掌握复杂电子设备的装配方法与调试技能。

（4）初步掌握复杂电子设备的调试技能与故障排除方法。

工作任务

任务名称   DT9205A 数字万用表的组装与调试。

产品实样如图 4-1 所示。

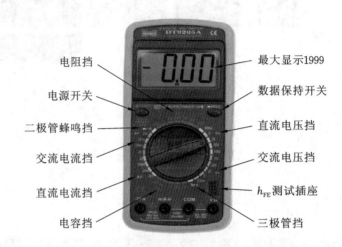

图 4-1   DT9205A 数字万用表实样

此项任务通过介绍 DT9205A 数字万用表中各类元器件的质量检测、安装工艺、电路安装、结构组装、产品调试等,使学生掌握复杂电子设备的装配方法与调试技能。

任务背景

数字万用表也称数字多用表(Digital Multi-Meter,DMM),是一种十分常用而又非常典型的电子设备,具有测试功能多、准确度高、测量速度快、过载能力强、输入阻抗大、功耗低、读数方便等特点。数字万用表可以用来直接测量直流电压(DCV)、交流电压(ACV)、直流电流(DCA)、交流电流(ACA)、电阻(R)、电容(C)、二极管正向压降(U_F)、三极管电流放大倍数(h_{FE})等,还可以通过功能扩展后用来测量电感(L)、频率(f)、温度(T)等参数,是广大电子设备装配与调试岗位的工作人员及电工与电子爱好者必备的电子测量仪表。

数字万用表的种类很多,市场上不同品牌与型号的数字万用表可达上百种,但基本组成与测量原理是相同的。其中 DT9205A 是一款基本功能完善、价格低廉、便于安装与调试、具有较高性价比的数字万用表,深受广大电子技术人员的喜爱,成为高级电子产品的组状与调试训练的首选。

产品标准

DT9205A 数字万用表的功能与性能指标如表 4-1、表 4-2 所示。

表 4-1　DT9205A 数字万用表的基本功能及性能指标

基本功能	测量范围	基本量程	准确度± （％读数＋字数）
直流电压	200 mV～1000 V	200 mV/2 V/20 V/200 V/1000 V	±(0.5 %＋3d)
交流电压	200 mV～750 V	200 mV/2 V/20 V/200 V/750 V	±(1.0 %＋5d)
直流电流	2 mA～20 A	2 mA/20 mA/200 mA/20 A	±(1.0 %＋3d)
交流电流	2 mA～20 A	2 mA/20 mA/200 mA/20 A	±(1.5 %＋5d)
电阻	200 Ω～200 MΩ	200 Ω/2 kΩ/20 kΩ/200 kΩ/2 MΩ/20 MΩ/200 MΩ	±(1.0 %＋3d)
电容	2nF～200 μF	2 nF/20 nF/200 nF/2 μF/200 μF	±(4.0 %＋5d)

注：准确度中的字数"d"称为"数位分辨率"，表示数字测量仪器的最小显示单位，也就是数字显示屏幕最小位次为"1"的数值。例如，用量程 1000 V 的数字万用表测量一个直流电压，测得值是 100.0 V，则精度 $A＝±(0.5\%×100.0＋3d)＝±(0.50＋3d)＝±0.8$；误差为 X，则 $-0.8＜X＜+0.8$。

表 4-2　DT9205A 数字万用表的特殊功能及性能指标

特殊功能	参数	特殊功能	功能说明
输入阻抗	10 MΩ	二极管测试	可测正向导通电压 U_F
采样频率	2.5 次/s	三极管测试	可测电流放大系数 h_{FE}
交流频响	40～400 Hz	数据保持	有（显示保持符号）
显示方式	液晶屏 3 1/2	自动关机	有（约 14 分钟）
最大显示	1999	通断测量	有（蜂鸣器报警）
工作环境	0～40 ℃	极性显示	直流自动负极性显示"－"
电源	9 V 电池（6F22）	低电压显示	有（显示低压符号 ）

环境条件

【装配场所与测量设备】

装配场所：电子产品工艺实训室，用于产品的装配与调试。

测量设备：主要有 RLC 测量电桥，用于测量精密电阻与电容的参数；另外有晶体管特性图示仪，用来测量二极管和三极管的特性；还有标准电压表，用于装配表的调试与校准。

【装配工具与常用耗材】

装配工具：常用工具一套，包括电烙铁、螺丝刀、尖嘴钳、斜口钳、镊子、剪刀等。

常用耗材：焊锡丝、松香等。

【DT9205A 数字万用表套件】

电子元器件、结构件、接插件、电路板、外壳、测试表笔、9 V 电池、包装盒等。

任务实施

◆ 一、DT9205A 数字万用表的元器件检测

1. DT9205A 数字万用表元器件清单

1）电阻器

DT9205A 数字万用表中所用电阻在 2 张纸卡上，如图 4-2 所示，共 62 只，其中误差为 ±0.3% 的精密电阻 17 只，误差为 ±1% 的电阻 14 只，误差为 ±5% 的电阻 31 只。

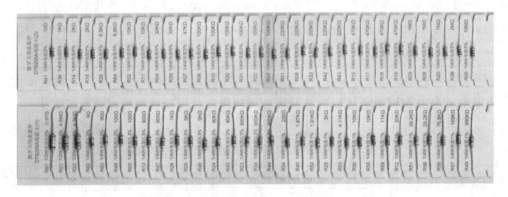

图 4-2 DT9205A 数字万用表中所用的电阻

对于 17 只误差为 ±0.3% 的精密电阻，在检测过程中尤其应当注意，它们的误差大小直接影响数字万用表的电压挡、电流挡、电阻挡的测量精度。另外 14 只误差为 ±1% 的电阻，其误差也直接影响着电容挡、交流电压挡与交流电流挡等项目的测量误差。检测过程中，应剔除误差范围不符合要求的电阻。

除此之外，还有 2 只热敏电阻、3 只电位器、1 只锰铜丝电阻。各电阻的规格型号见表 4-3。

表 4-3 DT9205A 数字万用表中所用电阻规格型号

名称	规格型号	单位	数量	位号	色环编码	备注
插件电阻 0.3%	1/2 W 0.97 Ω	只	1	R61	黑-白-紫-银-绿	
插件电阻 0.3%	1/4 W 9 Ω	只	1	R62	白-黑-黑-银-蓝	
插件电阻 0.3%	1/4 W 90 Ω	只	1	R63	白-黑-黑-金-蓝	
插件电阻 0.3%	1/4 W 100 Ω	只	2	R65/R48	棕-黑-黑-黑-蓝	R48：0.3% 代 1%
插件电阻 0.3%	1/4 W 900 Ω	只	2	R13/R47	白-黑-黑-黑-蓝	R13 可用 910 替换
插件电阻 0.3%	1/4 W 1 kΩ	只	1	R26	棕-黑-黑-棕-蓝	
插件电阻 0.3%	1/4 W 9 kΩ	只	2	R25/R46	白-黑-黑-棕-蓝	R46：0.3% 代 1%
插件电阻 0.3%	1/4 W 90 kΩ	只	2	R24/R45	白-黑-黑-红-蓝	R45：0.3% 代 1%
插件电阻 0.3%	1/4 W 900 kΩ	只	3	R23/R34/R44	白-黑-黑-橙-蓝	R34/R44：0.3% 代 1%

续表

名称	规格型号	单位	数量	位号	色环编码	备注
插件电阻 0.3％	1/2 W 4.5 MΩ	只	2	R21/R22	黄-绿-黑-黄-蓝	
插件电阻 1％	1/4 W 200 Ω	只	1	R54	红-黑-黑-黑-棕	
插件电阻 1％	1/4 W 1.87 kΩ	只	1	R40	棕-灰-紫-棕-棕	
插件电阻 1％	1/4 W 1.91 kΩ	只	1	R52	棕-白-棕-棕-棕	
插件电阻 1％	1/4 W 3 kΩ	只	1	R29	橙-黑-黑-棕-棕	
插件电阻 1％	1/4 W 4.11 kΩ	只	1	R53	黄-棕-棕-棕-棕	
插件电阻 1％	1/4 W 10 kΩ	只	2	R50/R55	棕-黑-黑-红-棕	
插件电阻 1％	1/4 W 11 kΩ	只	1	R59	棕-棕-黑-红-棕	
插件电阻 1％	1/4 W 30 kΩ	只	1	R12	橙-黑-黑-红-棕	
插件电阻 1％	1/4 W 39.2 kΩ	只	2	R51/R56	橙-白-红-红-棕	
插件电阻 1％	1/4 W 76.8 kΩ	只	1	R58	紫-蓝-灰-红-棕	
插件电阻 1％	1/4 W 168 kΩ	只	1	R57	棕-蓝-灰-橙-棕	
插件电阻 1％	1/4 W 990 kΩ	只	1	R49	白-白-黑-橙-棕	
插件电阻 5％	1/4 W 10 Ω	只	1	R41	棕-黑-黑-金	
插件电阻 5％	1/4 W 1 kΩ	只	1	R36	棕-黑-红-金	
插件电阻 5％	1/4 W 2 kΩ	只	2	R14/R16	红-黑-红-金	
插件电阻 5％	1/4 W 6.8 kΩ	只	2	R28/R64	蓝-灰-红-金	
插件电阻 5％	1/4 W 10 kΩ	只	2	R02/R11	棕-黑-橙-金	
插件电阻 5％	1/4 W 30 kΩ	只	2	R04/R39	橙-黑-橙-金	
插件电阻 5％	1/4 W 47 kΩ	只	1	R07	黄-紫-橙-金	
插件电阻 5％	1/4 W 100 kΩ	只	6	R06/R10/R30-R32/R37	棕-黑-黄-金	
插件电阻 5％	1/4 W 220 kΩ	只	5	R01/R09/R33/R42/R43	红-红-黄-金	
插件电阻 5％	1/4 W 470 kΩ	只	4	R17-R19/R15	黄-紫-黄-金	
插件电阻 5％	1/4 W 1 MΩ	只	3	R03/R08/R20	棕-黑-绿-金	
插件电阻 5％	1/4 W 2 MΩ	只	1	R38	红-黑-绿-金	
插件电阻 5％	1/4 W 10 MΩ	只	1	R05	棕-黑-蓝-金	
热敏电阻 MZ31	600～900 Ω	只	2	R27/R35		
RM-065 电位器	220 Ω（221）	只	3	VR1-VR3		
锰铜丝电阻	0.01 Ω	只	1	R60		（1.6×41.35/通用）

2）电容器

DT9205A 数字万用表中所用电容器共 18 只，其中瓷片电容 2 只、金属化电容 10 只、电解电容 6 只，具体规格型号见表 4-4。

表 4-4　DT9205A 数字万用表中所用电容规格型号

名称	规格型号	单位	数量	位号
瓷片电容	47 pF	只	1	C13
瓷片电容	100 pF	只	1	C08
金属化电容 CBB	10 nF（103）	只	4	C14～C17
金属化电容 CBB	22 nF（223）	只	1	C05
金属化电容 CBB	100 nF/100V（104）	只	2	C06/C07
金属化电容 CBB	220 nF/63V（224）	只	3	C03/C04/C12
电解电容 4×7	3.3 μF/50V	只	2	C10/C11
电解电容 4×7	10 μF/25V	只	3	C09/C18/C19
电解电容 4×7	47 μF/16V	只	1	C01

3）半导体器件

DT9205A 数字万用表中所用半导体器件共 18 只，其中二极管 14 只、三极管 4 只，具体型号如表 4-5 所示。

表 4-5　DT9205A 数字万用表中所用半导体器件型号

名称	规格型号	单位	数量	位号
DIP 二极管	1N4007	只	8	D07～D14
二极管 D0-35	1N4148 插件	只	6	D01～D05/D15
DIP 三极管	9013 T0-92	只	1	Q3
DIP 三极管	9014 T0-92	只	2	Q2/Q4
DIP 三极管	9015 T0-92	只	1	Q1

4）其他元器件

DT9205A 数字万用表中所用的其他元器件见表 4-6。其中 ICL7106A 芯片已经绑定在印制线路板（下文简称印制板或线路板）上，这种方式一般称为 COB（chip on board），绑定后经过测试已确认正常；另外 3 块集成电路也已经焊接在印制板上，不需另外焊接。

表 4-6　其他元器件

名称	规格型号	单位	数量	备注
印制电路板	DT9205A 印制板	块	1	COB 板
集成电路（COB-42）	IC1:ICL7106A	只	1	已绑定在印制板上
集成电路（SOP-8）	IC2/IC3:LM358	只	2	已焊接在印制板上
集成电路（SOP-14）	IC4:LM324	只	1	已焊接在印制板上
测试笔插座	920 系	只	2	
电容器插座	890 系/920 系/CZ12	只	2	
晶体管插座	920.1 系/CZ09	只	1	
保险丝夹	"R"型（较矮的）	只	2	
屏蔽弹簧	WJ921	只	1	用于印制板地线与后盖屏蔽纸的连接

续表

名称	规格型号	单位	数量	备注
自锁开关	8.5×8.5/2P2T	只	2	电源开关/数据保持
电池线	6.5 cm 红色/黑色	根	2	
玻璃保险丝管	F 0.5 A/250 V　5×20	只	1	
面板大标签贴	功能开关指示标签	张	1	贴于面板下部
面板小标签贴	型号标签	张	1	贴于面板上端
后盖屏蔽纸贴	40×40 银白	张	1	贴于后盖中上部
三端蜂鸣器总成	27 mm，MJ05A-830B.1	只	1	包括蜂鸣器片、引线等
液晶屏总成	92 三位半双边反射 LD10003	套	1	包括液晶屏、框、座、镜片、框纸、电缆纸等
双面发泡导电胶条	51.5×3.2×2.5	条	2	用于印制板与液晶屏电缆纸之间的电路连接
导电胶条下夹板		块	1	
导电胶条上压板		块	1	
折叠簧片 WJ931	92 系列	只	2	用于压装液晶屏齿轮
转盘	MJ12C-5800 黑色	个	1	转盘开关总成
转盘框	MJ12C-5800 黑色	个	1	转盘开关总成
V 型二接触簧片	A59	个	5	转盘开关总成
转盘齿轮弹簧	830B 系列通用 WJ103	个	2	转盘开关总成
钢珠(转盘齿轮用)	Φ3 mm	个	2	转盘开关总成
转盘开关旋钮	MJ01D-920.1	个	1	转盘开关总成
自锁开关按钮	MJ01D-920.1	个	2	用于 2 只自锁开关
机制螺丝	2×8 白色	只	2	锁液晶电缆纸
螺母	M2 白色	只	2	锁液晶电缆纸
自攻螺丝	2×5 黑色	只	2	锁固定 LCD 的折叠簧片
自攻螺丝	2×6 黑色	只	4	锁转盘开关
自攻螺丝	3×8 黑色	只	1	锁线路板
自攻螺丝	3×12 黑色	只	3	锁后盖
9V 叠层电池	9V	只	1	
前盖	MJ01A-920.1 黑色	个	1	
后盖	MJ01A-920.1 黑色	个	1	
测试表笔 WB-05	3.5×20×650 mm(红/黑)	副	1	
装配图	DT9205A 装配图	张	1	
使用说明书	92 系列中文使用说明书	份	1	
包装彩盒	215×138×53 (92 系)	只	1	

2．DT9205A 数字万用表的元器件识别

1）元器件识别

DT9205A 数字万用表中的元器件外形如图 4-3 所示。

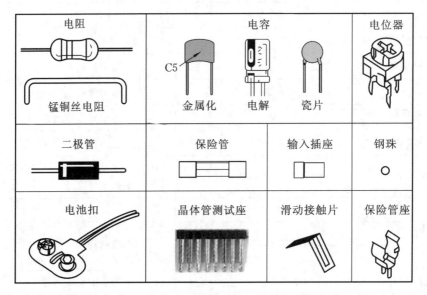

图 4-3　DT9205A 数字万用表中的元器件外形

2）电阻值识别

电阻值的色环表示法有两种，普通电阻用四色环表示，精密电阻用五色环表示，如图 4-4 所示。

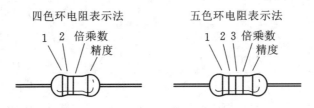

图 4-4　电阻值的色环表示法

电阻各色环所代表的含义如表 4-7 所示，根据此表可以识别电阻的阻值与精度。

表 4-7　电阻值的色环意义与识别

第1色环 （第1位数）		第2色环 （第2位数）		第3色环 （如果使用）		倍乘数		精度	
颜色	数字	颜色	数字	颜色	数字	颜色	倍数	颜色	数值
黑	0	黑	0	黑	0	黑	1	银	±10％
棕	1	棕	1	棕	1	棕	10	金	±5％
红	2	红	2	红	2	红	10^2	棕	±1％
橙	3	橙	3	橙	3	橙	10^3	红	±2％
黄	4	黄	4	黄	4	黄	10^4	橙	±3％

续表

第1色环 （第1位数）		第2色环 （第2位数）		第3色环 （如果使用）		倍乘数		精度	
颜色	数字	颜色	数字	颜色	数字	颜色	倍数	颜色	数值
绿	5	绿	5	绿	5	绿	10^5	绿	±0.5%
蓝	6	蓝	6	蓝	6	蓝	10^6	蓝	±0.3%
紫	7	紫	7	紫	7	金	0.1	紫	±0.1%
灰	8	灰	8	灰	8	银	0.01		
白	9	白	9	白	9				

3）电容值识别

部分电容的电容值直接标在电容上，而大部分电容的容量及最大耐压值是按表 4-8 的电容参数表示法打印在电容上的。电容的常用单位为 pF（皮法）、nF（纳法）、μF（微法），它们之间的关系参见表 4-9 所示的公制单位换算。电容参数表示法中的第 3 位数字为倍乘数，即 0 的个数，单位为 pF，如 224 表示电容的容量为 220 000 pF＝0.22 μF。

表 4-8　电容参数的表示方法

精度：
字母 M 代表的精度为±20%
字母 K 代表的精度为±10%
字母 J 代表的精度为±5%

注意：字母 R 相当于小数点

103K 表示 10×1000＝10 000 pF 或 0.01 μF

倍乘数	数字	0	1	2	3	4	5	8	9
	倍数	1	10	10^2	10^3	10^4	10^5	0.01	0.1

表 4-9　公制单位换算

符号	名称	乘数（以 F 为基准）	科学计数法	备注
pF	皮法	0.000000000001	10^{-12}	1000 pF＝1 nF
nF	纳法	0.000000001	10^{-9}	1000 nF＝1 μF
μF	微法	0.000001	10^{-6}	1000 μF＝1 mF
mF	毫法	0.001	10^{-3}	1000 mF＝1 F
F	法	1	10^0	1000 F＝1 kF
kF	千法	1000	10^3	1000 kF＝1 MF
MF	兆法	1000000	10^6	

3. DT9205A 数字万用表的元器件检测

元器件的检测,在数字万用表的装配与调试过程中是极为重要的一个步骤,直接影响装配产品的质量指标。在装配产品的整机调试与维修过程中,若因为元器件的误差过大而导致装配产品不能达到正常指标,是难以检查出来的,个别元器件出现问题也可能导致所装配的整个产品报废。因此,对元器件的检测必须予以高度重视。

1) RC 元件检测

可用 RLC 数字测量电桥来检测电阻与电容元件的参数值,并做好记录。

检测中要特别注意用于电路中分压、分流及基准电路等的精密电阻的阻值是否符合精度要求,应剔除不符合要求的元件,以保证数字万用表的准确度与精度等级。个别数字万用表的精度达不到要求,基本上是因为精密电阻的阻值超过了误差范围,或者是将普通电阻安装在了应该安装精密电阻的位置上而造成的。

另外,电容器的容量检测也不可忽视,特别是电路中用于时钟振荡的电容,A/D 变换电路的积分电容、基准电容、自动调零电容,定时关机电路的定时电容等,若这些电容的误差过大,将会直接影响相关电路功能的实现或正常工作。

2) 半导体器件检测

可用晶体管特性图示仪测试各二极管的正、反向伏安特性曲线,以及三极管的输入特性与输出曲线,以判断这些半导体器件的性能,保证数字万用表的装配质量。

◆ 二、DT9205A 数字万用表的电路安装

1. 焊接规范

正确的焊接方法是安装 DT9205A 数字万用表最重要的因素,合适的电烙铁也十分重要。推荐使用 30 W 左右的内热式电烙铁,并随时保持烙铁头清洁和镀锡。

1) 安全操作规程

① 焊接时注意防护眼睛。

② 焊锡中含有铅和其他有毒物质,焊接过程中应避免焊锡触及口腔,手工焊接后须清洁双手。

③ 焊接场所应保持足够的通风,防止焊接过程中烟雾对人体的伤害。

2) 元器件安装

在没有特别指明的情况下,所有元器件都必须从线路板正面装入。线路板上的元器件符号图指出了每个元器件的安装位置和安装方向。需要特别说明的是,在 DT9205A 数字万用表的安装中,从线路板反面装入的元器件只有 4 个:锰铜丝电阻、保险丝座、三端蜂鸣器和镀银弹簧,其余元器件均从正面插入。

电阻的装配应符合色环或数字方向一致原则,无极性电容的安装方向也应尽量保持一致,这样有利于后期的检查与读数工作。对于有极性的元器件,如电解电容器、二极管、三极管等,装配时要特别注意极性和管脚位置。另外,自锁开关的安装方向不可弄反,否则开关按下后的状态不正确。

3) 元器件焊接

焊接时,推荐使用 63/37 铅锡合金松香芯焊锡丝,禁止使用酸性助焊剂。

焊接的方法如表 4-10 所示。

表 4-10　焊接方法

序号	正确的焊接方法	不良的焊接方法
1	将电烙铁头靠在元件脚和焊盘的结合部。（注：所有元器件从焊接面焊接） 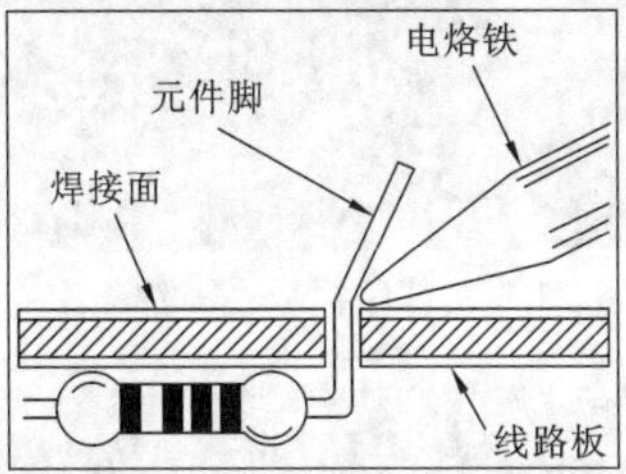 	烙铁头位置不正确，则加热温度不够，焊锡不向被焊金属扩散而生成金属合金 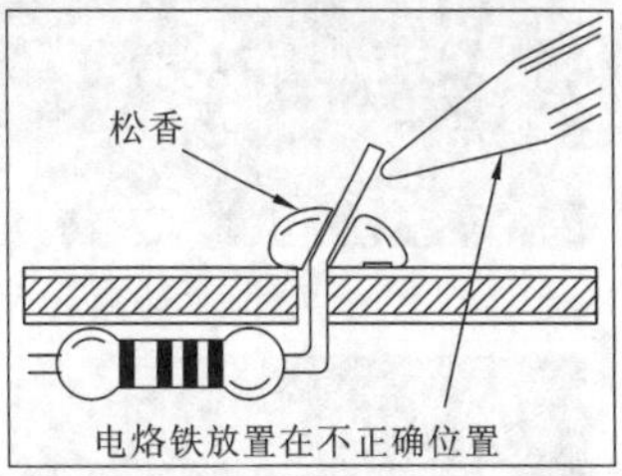
2	若烙铁头上带有少量焊料，可使烙铁头的热量较快传到焊点上。将焊接点加热到一定的温度后，用焊锡触到焊接件处，熔化适量的焊料。焊锡丝应从烙铁头的对称侧加入 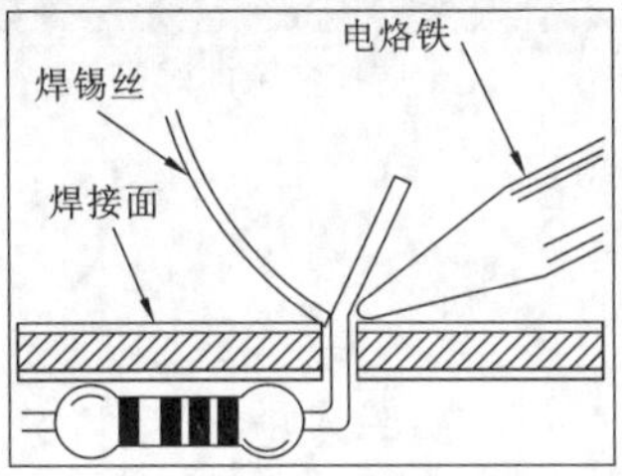 	焊锡量不够：造成焊点不完整，焊接不牢固 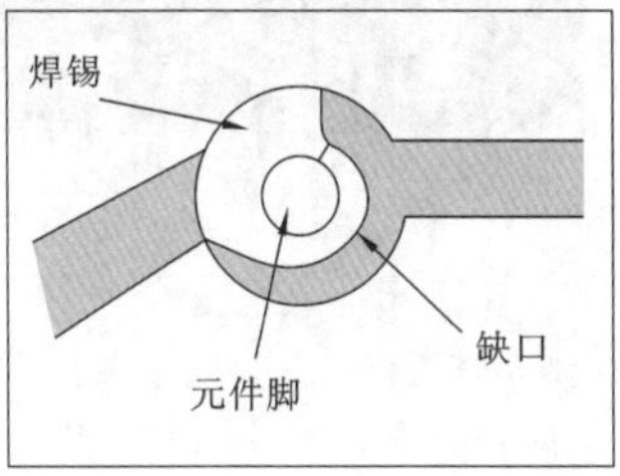
3	当焊锡丝适量熔化后迅速移开焊锡丝。当焊接点上的焊料流散接近饱满，助焊剂尚未完全挥发，也就是焊接点上的温度适当、焊锡最光亮、流动性最强的时刻，迅速移开电烙铁 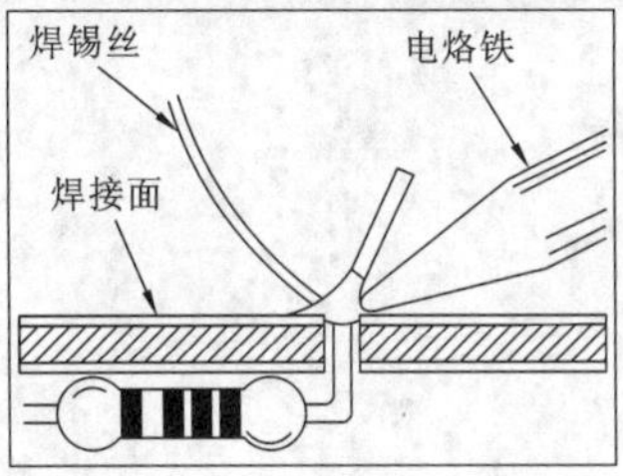 	焊接过量：容易将不应连接的端点短接 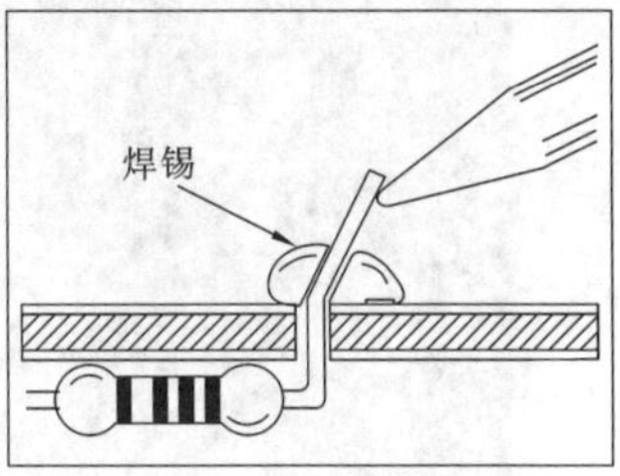
4	焊锡冷却后，剪掉多余的焊脚，就获得了理想的焊接效果 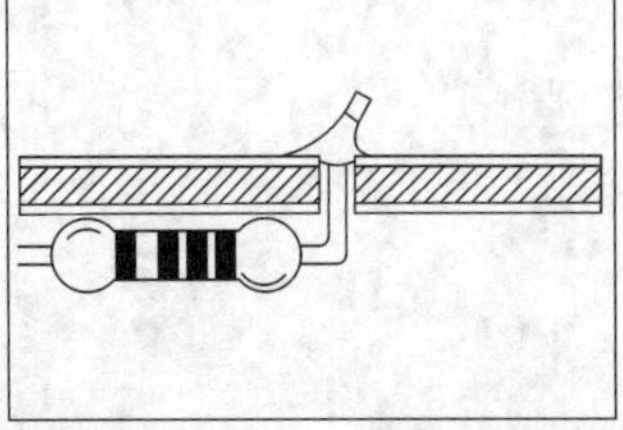 	焊锡桥接：焊锡流到相邻通路，造成线路短路 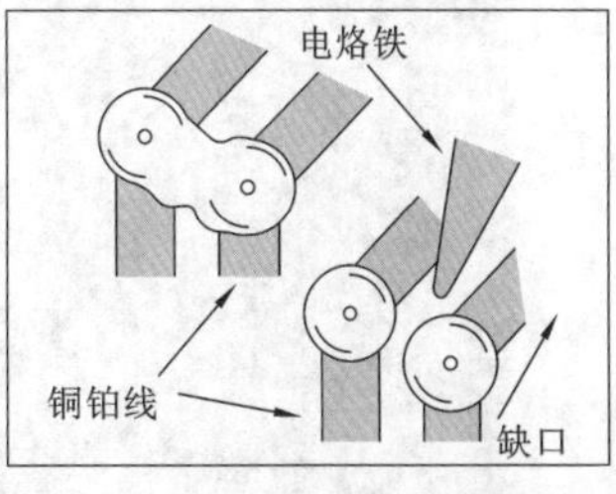

2. 焊接注意事项

在插件完成后，先用一块软垫或海绵覆盖在插件的表面，反转线路板，用手指按住线路板再进行焊接，或者在每插一个零件后，将零件的两只脚掰开，这样在焊接线路板时，零件才不会从线路板上掉下来，如图 4-5 所示。但是对自锁开关、电容器插座、晶体管插座、三端蜂鸣器、电源线、表笔插座等器件的焊接,应当逐一进行。

（a）插完所有零件

（b）将线路板放在海绵垫上

（c）焊锡

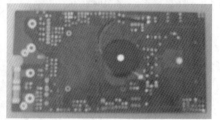

（d）剪掉多余的焊脚

图 4-5　元器件焊接过程

3. 安装说明

1）PCB 图

DT9205A 数字万用表印制板为双面板,如图 4-6 所示。图 4-6(a)为主要元器件的插入面,上面标有各元器件的安装位置,图 4-6(b)为主要元器件的焊接面。

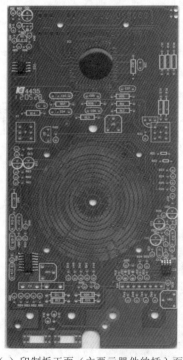

（a）印制板正面（主要元器件的插入面）

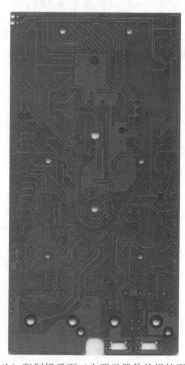

（b）印制板反面（主要元器件的焊接面）

图 4-6　DT9205A 数字万用表印制板

2）电路原理图

DT9205A 数字万用表电路原理图如图 4-7 所示。

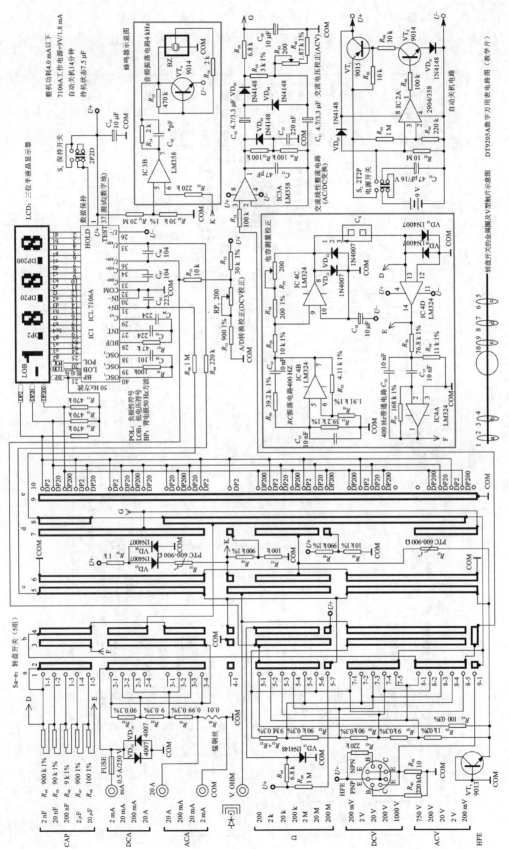

图 4-7 DT9205A数字万用表电路原理图

3）元器件装配图

DT9205A 数字万用表元器件装配图如图 4-8 所示。图中的 K 为开关，D 为二极管，Q 为三极管。

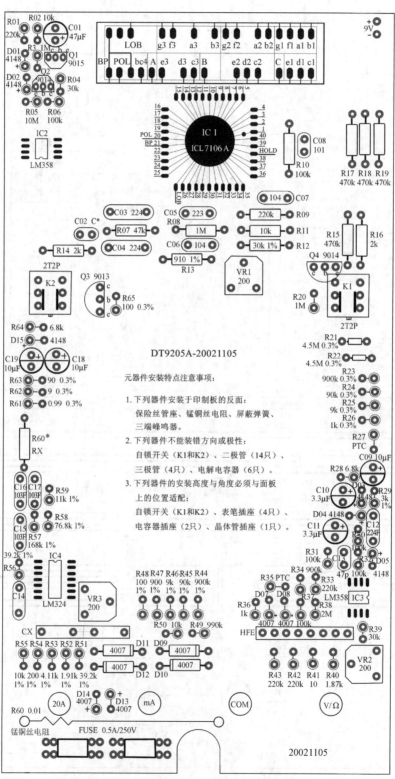

图 4-8　DT9205A 数字万用表印制板元器件装配图

注意:

将元器件插入印制板后,在焊接之前应与样机电路板仔细对照比较(或与同学的印制板进行比较),检查各元器件的安装位置与参数有无错误,避免元器件焊接后再返工;同时检查自锁开关、二极管、三极管、电解电容等元器件的安装方向有无错误。印制电路板在拆焊与重焊过程中极易造成损坏而报废。

4. 特殊插装器件的安装

1) 锰铜线电阻的安装

DT9205A 数字万用表中有 1 只 0.01 Ω 的特殊电阻,安装于印制线路板的反面,它是用来测量 20 A 大电流的分流电阻 R_{60}。这个电阻由一根锰铜线构成,其阻值的大小与锰铜线的长度有关。要获得 0.01 Ω 的电阻,需要在数字万用表的校验与调试阶段进行调整,因此该电阻焊接后先不要剪去过长的引脚。在调试时,若阻值偏大,只要在锰铜线上加点焊锡或减少引脚的长度便可使阻值降低;在阻值偏小,而引脚又不能加长时,需要减小锰铜线的截面积,减小截面积通常使用的方法是用斜口钳在锰铜线上剪出若干凹槽。当然,上述使阻值增加的处理方法要比使阻值减少的处理方法困难得多。

2) 自锁按键开关的安装

自锁按键开关有 2 只,1 只为电源通断开关,另 1 只为数据保持开关。所谓自锁,是指当它处于 OFF 位置时,按下按键,则它被锁定在 ON 位置,直到再次按下按键它才会弹回 OFF 位置。在装配与焊接这种自锁开关时,要特别注意开关的安装方向,它的侧面有一条凸起的标志线,用来表示各引脚的位置关系。装配前可用万用表测试各引脚之间的通断,以判别自锁开关的装配方向是否正确。

在焊接自锁开关时,它的安装方向不能反,否则开关按下后不是接通电路而是断开。另外,要注意安装的角度,必须保证开关与印制板垂直,不能倾斜,否则线路板放入前盖面板后,开关的按钮不在面板开孔位置的正中,不仅影响美观,还影响操作。焊接时可在开关的 6 只引脚中先选 1 只焊接,然后盖上面板,观察 2 只开关与面板上的开孔位置是否适配,确认适配后再焊上其他引脚。

另外,在焊接开关时还要注意控制焊接时间,因为自锁开关是塑料结构的器件,而塑料不耐热,焊接时间过长,将使自锁开关的塑料件熔化变形。特别是当开关接反需要拆下重焊时,更容易使塑料件熔化变形。

3) 晶体管 8 脚插座与电容测试插座的安装

晶体管 8 脚插座用来测量三极管的 h_{FE},电容测试插座用来测量电容器的容量。这两种器件的安装位置与高度需要与面板上相应插孔的位置一致,焊接角度一定要保持与印制板垂直,否则在整机装配时,不能卡在面板相应的槽孔中。焊接时可以先用少量焊锡焊上 1 只引脚,然后将插座放入前盖中观察其高度与角度,当调整到位后再焊接其余引脚。

4) 表笔插座的安装

表笔插座共有 4 只,从印制板的正面插入,并在反面牢固焊接。这 4 只表笔插座的焊接难度较大,要求 4 个插座的焊接角度都必须与线路板垂直,并保持在一条直线上,这样才能与面板上的表笔插孔适配。否则,不仅影响美观,而且,印制板装入前后盖后表笔不易插入这 4 个插孔,影响操作和使用。

在成批装配与焊接时,可采用 4 只钉子对 4 只表笔插孔进行整体定位,具体方法是:在一块木板上,依据印制板上 4 个表笔插孔的焊接位置画好 4 个定位孔,用台钻钻孔后(可保证钻孔垂直)旋上 4 只定位螺钉(螺钉是从电气开关接线盒上取来的,其直径与表笔插座的内径相同),将 4 只螺钉的高度调节至和表笔插座相同的高度。焊接时将 4 只表笔插座套在木板上的 4 只定位螺钉上,然后放上线路板进行焊接,焊接的加热点应放在表笔插座上,焊接时间应适当加长,以保证表笔插座与线路板焊接牢固。这样就可以保证 4 只表笔插孔通过焊接得到较好的定位,避免整机装配时印制板与前面板的配合误差过大。

还有一种表笔插座,不是靠焊接而是直接用螺丝紧固在线路板上,这种表笔插座的装接比较容易,只要直接将 4 只表笔插座用螺丝紧固在线路板上即可达到工艺要求。

5)通用保险丝座的安装

DT9205A 数字万用表的电流毫安挡输入端有 1 只 0.5 A 的保险丝(fuse),保险丝座是安装保险丝管的支架,每个管架上都有一个小挡片,安装时要相对而放,使小挡片置于保险丝管两端的外侧。保险丝座也安装于印制板的反面,这样在维修更换时就不必拆卸印制板。为使安装方便可靠,可先将保险丝安放于支架内再进行焊接,这样保险丝座的各引脚的焊点位置就比较容易控制了。

6)陶瓷蜂鸣片的安装

陶瓷蜂鸣片如图 4-9 所示,它是一种用于报警的发声元件,安装于印制板的反面。它是利用压电陶瓷材料的压电效应而制成的"电-声"换能器件。陶瓷蜂鸣片的衬底是一圆形黄铜片,也是它的负电极;衬底的上面就是圆形的压电陶瓷薄片,陶瓷薄片的表面再镀上一层银膜,作为其正极。在正极与负极之间加上电信号,陶瓷蜂鸣片就会带动黄铜片振动而发声。

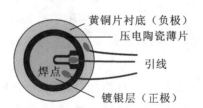

黄铜片衬底(负极)
压电陶瓷薄片
引线
焊点
镀银层(正极)

图 4-9　三端陶瓷蜂鸣器

在焊接陶瓷蜂鸣片的电极引线时,要特别注意,在镀银层上焊接引线时动作要快,因为镀银层极薄,焊接时间稍长,镀银层就可能挥发而使蜂鸣器报废。因此在焊接前,引线应预先上锡,烙铁头也要预先上满锡,这样才能保证焊接的快速有效。三端陶瓷蜂鸣器的 3 根引线直接焊接在线路板的反面,粗硬裸导线接地,并用于固定陶瓷蜂鸣片,黑线接放大器 VT_4 的信号输出端(印制板上的焊点在 R_{15} 的上端),红线为蜂鸣器的振荡信号反馈端,接放大器 VT_4 的基极反馈电阻 R_{16} 处。

7)镀银屏蔽弹簧的安装

镀银屏蔽弹簧焊接于印制板的反面上方,其作用是将印制板的地线与机壳后盖的屏蔽纸相连,以减少外界电磁场对数字万用表的干扰和影响。

焊接镀银屏蔽弹簧的方法:先将弹簧上锡,再用烙铁头对印制板上的大焊盘加热并熔化焊锡,当待熔化的焊料呈半球形时,用镊子夹住弹簧放到印制板大焊盘上,使弹簧在板子上直立并焊接牢固。若弹簧歪斜,可用烙铁头在相应的弹簧根部加热,进行修正。

◆ 三、DT9205A 数字万用表的结构安装

1. 安装转盘挡位开关总成

虽然构成转盘挡位开关总成的零件不是很多,但组装时要非常仔细,一旦钢珠滚落、弹簧崩出,将需要耗费大量的精力寻找。转盘挡位开关总成的安装顺序如下。

(1)安装弹簧与钢珠。将转盘的外框平放在桌面上,在转盘框的 2 个孔洞中分别放入弹簧,弹簧上面放入钢珠。注意,在安装弹簧、钢珠时最好在其表面涂抹凡士林,否则不易安装,而且钢珠容易滚落。

(2)在转盘框中压入转盘。将转盘有齿的一面向下,并使转盘上的 2 个卡钩对准转盘框的 2 个缺口位置,然后将转盘压入转盘框内,用双手两个拇指压住转盘,将转盘在转盘框中旋转 90 度左右,使转盘卡住转盘外框,并使转盘框中的钢珠与转盘的齿轮实现弹性配合,从而实现转盘开关的挡位控制。

还有一种转盘的齿轮位于外圆周上,其弹簧与钢珠装在外框圆盘的两侧,如图 4-10 所示。这种转盘挡位开关总成的安装稍困难些,其方法是首先在外框圆盘两侧凸起的小方块内分别装入钢珠和弹簧,使钢珠与内转盘的齿轮之间进行弹性接触,然后在上面压入定位压片。小压片的作用是防止钢珠与弹簧弹出,避免与线路板发生摩擦。在安装弹簧、钢珠和压片时应涂些凡士林,否则不易安装,而且钢珠容易滚落。另外,小压片装入后可用胶带贴住,以防止其崩出,也便于将转盘挡位开关总成安装于线路板上。

图 4-10　转盘挡位开关总成

(3)在转盘上安装 V 型簧片。将 5 只 V 型簧片装到转盘的触片横条上,在一端靠外侧嵌入 2 片 V 型簧片(分别嵌在 1、3 横条上),在另一端靠内侧嵌入 3 片 V 型簧片(分别嵌在 5、7、9 横条上)。

(4)将转盘安装到线路板上。转盘的触片朝下,转盘上的 4 个螺孔位置对准印制板上的 4 个螺孔位置,然后将转盘从线路板正面扣入,如图 4-11 所示。扣入的手势如图 4-12 所示。

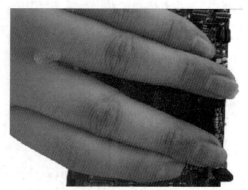

图 4-11　转盘的安装　　　　　　　　图 4-12　转盘扣入线路板的手势

（5）锁定转盘。将转盘与线路板对准后，用 4 个 M2.0×6 的自攻螺丝从印制板的反面穿入转盘孔中拧紧，在拧螺丝时最好对角拧，这样转盘比较容易固定。转盘紧固完成后的正反两面线路板如图 4-13 所示。

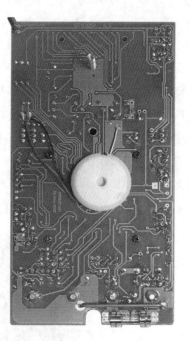

图 4-13　转盘紧固完成后的正反两面线路板

2. 安装液晶屏总成

在安装液晶屏总成之前，应先确定已基本安装好的线路板能够平整且顺利地放入面盖中，自锁开关的位置、表笔插座的位置等能够与面板上的对应位置较好地适配，否则应重新调整到位。

（1）先把 2 个 M2 的螺母套入上压条的 2 个孔中，放到一旁；再将下支架放置在线路板上，从线路板下方反向穿入 2 只 M2.0×8 的螺丝；然后在下支架的 2 条沟槽中放入导电胶条，导电胶条的导电部分（黑色）和印制板上的信号输出电极（俗称金手指）接触。导电胶条的安装如图 4-14 所示。

图 4-14　液晶屏组件的导电胶条安装

（2）将液晶屏总成的电缆带放在导电胶条上，使电缆带上的 2 层碳条分别与下面的 2 条导电胶条接触。注意：不可将电缆带上的碳条装反，否则液晶屏的电极就不可能通过导电胶条与印制板的信号输出电极连接，也就不可能有字符显示。

（3）在电缆带的上面覆盖上压条，上压条的 2 条沟槽向下，然后锁紧螺丝。这样，通过液晶屏总成电缆带的碳条与 2 条导电胶条，液晶屏的电极与印制板上的电极就实现了连接。

（4）将液晶屏组件的折叠定位座套入印制板上对应的定位孔，用 2 只 M2×6 的自攻螺丝将其锁定在印制板上。摇动液晶屏，就可以选择观察角度了。

3. 安装后盖与护套

后盖、护套的安装是在电路的调试与检测结束后进行的，是结构件安装的最后一步。

（1）将挡位旋钮用卡簧锁定在前面板上，并在面板上安放电源按键（红，Power）和数据保持按键（黑，DH）。

（2）安装线路板。先将线路板上的液晶屏抬起，再将调试正常的线路板套入前盖板，注意要对齐测试输入插口的位置及电容器和三极管的测试插口位置。

（3）确定挡位旋钮的安装方向。将线路板套入前面板时应注意挡位旋钮的安装方向。先把 9 V 电池扣上，当按下电源开关时，如果显示器上显示"1"，则表示转盘挡位开关的触点位置位于电阻挡，那么旋钮的箭头竖标应向上拨到"Ω"挡位置；如果显示器显示"0"，则将旋钮的箭头竖标向下拨到电容挡位位置。

（4）安装后盖。盖上后盖，用 3 只 M3×8 的自攻螺丝紧固后盖即可。最后贴上面板，套上护套。结构件的安装到此结束。

◆　**四、DT9205A 数字万用表的性能测试与校准**

1. 正常字符显示测试

（1）检测显示值。

不要连接测试笔到仪表，转动拨盘开关，仪表在各挡位的读数如表 4-11 所示，负号（一）可能会在部分测试项的最低挡位中闪动显示。

表 4-11　DT9205A 数字万用表各挡位的检测显示值

功能量程		显示数字	功能量程		显示数字
DCV 直流 电压挡	200 mV	0 0.0*	OHM 电阻挡	200 Ω	1
	2 V	.000		2 kΩ	1
	20 V	0.00		20 kΩ	1
	200 V	0 0.0		200 kΩ	1
	1000 V	000		2 MΩ	1
ACV 交流 电压挡	200 mV	0 0.0		20 MΩ	1
	2 V	.000		200 MΩ	1
	20 V	0.00	CAP 电容挡	2 nF	.000
	200 V	0 0.0		20 nF	0.00
	750 V	000		200 nF	0 0.0
DCA 直流 电流挡	2 mA	0 0 0*		2 μF	.000
	20 mA	0.0 0*		200 μF	0.00
	200 mA	0 0.0	h_{FE}	三极管	0 0 0
	20 A	0.00	Diode	二极管	1
ACA 交流 电流挡	2 mA	000	通断测试	30 Ω 以下	1
	20 mA	0.00			
	200 mA	00.0			
	20 A	0.00			

* 可能有几个字不回零。

（2）如果仪表各挡位显示与上表所列不符，应检查以下事项：

① 不显示。检查电池电量是否充足，连接是否可靠；自动关机电路中是否存在问题；ICL7106A 集成电路是否正常工作；液晶总成和线路板是否正确连接。

② 不回零。检查转盘开关的 5 只 V 型接触簧片的组装位置是否正确，接触是否良好；短接输入端是否回零。由于此类仪表输入阻抗极高，200 mV 可以允许 5 个字以内不回零。

③ 字符显示的笔画错误（多笔或少笔）。检查液晶屏电缆带的连接与安装是否正常，导电胶条的装配是否正确；检查 ICL7106A 对应的功能脚是否正常。

2. 调试与校准

1）模/数（A/D）转换器校准

A/D 转换器校准的调整元件为电位器 R_{P1}。

将被测仪表的拨盘开关转到直流电压 20 V 挡位，插好表笔；用另一块已校准的仪表做监测表，监测一个小于 20 V 的直流电源（例如 9 V 电池），然后用该电源校准装配好的仪表，调整电位器 R_{P1}，直到被校准表与监测表的读数相同（注意不能用被校准表测量自身的电池）。

电位器 R_{P1} 的调整会改变 ICL7106A 内双积分 A/D 转换器的基准电压值 U_{REF}，从而改变 A/D 转换器输出的数字量。当两个仪表读数一致时，套件安装表的 A/D 转换器就被校准了。此时,若直流电压挡输入端的各挡分压电阻显示正确,则直流电压挡完成校准。

如果校准错误,应检查下列事项:

● 检查线路板是否有短路、焊接不良现象。

● 检查分压电阻是否有插错、虚焊等现象。

2)直流电压测试

直流电压的测试是在 A/D 转换器校准后进行的。

① 如果有一个直流可调电压源,只要将电源分别设置在直流电压(DCV)量程各挡的中值,然后对比被测表与监测表各挡中值的误差,检查 DCV 精度是否符合要求。

② 如果没有直流可调电压源,可以采取以下两种方法:

● 将拨盘转到 20 V 量程,测量 9 V 的叠层电池,此时被测表的显示值应与监测表的显示值相同。

● 将拨盘转到 2 V 量程,测量 1.5 V 的通用碱性电池,此时被测表的显示值也应与监测表的显示值相同。

3)交流电压测试与校准

交流电压的测试与校准应在直流电压测试正常后进行,交流电压的校准是通过调节 AC/DC 转换电路中的电位器 R_{P2} 来实现的。调节 R_{P2} 可以改变线性全波整流式 AC/DC 变换器中运算放大器的增益,从而控制输出的平均直流电平的大小。

测试过程中需要交流电压源,220 V 市电是最方便的。但要注意:在用表笔连接 220 V 的交流电压前,要将拨盘转到交流电压(ACV)的 750 V 挡,然后才能测量 220 V 的交流电压。将测量值与监测表的读数进行对比,如果测量值不准确,可调节电位器 R_{P2},以达到交流电压挡所要求的精度。

如果上面的测量有问题,应检查下列项目:

● 检查 AC/DC 变换器电路中的电阻、电容的数值和焊接情况。

● 检查 AC/DC 变换器电路中各二极管的安装方向及焊接情况是否正常。

● 检查 AC/DC 变换器中的集成运放是否正常工作。

● 重新检查直流电压挡的测试是否存在问题。

4)直流电流测量

① 构建一个直流电压源 E 与一个电阻 R 的连接回路,电路中串入测量直流电流的被测表与监测表。电阻 R 分别取 100 Ω、1 kΩ、10 kΩ 左右,E 可取 1.5 V 的电池,使该电路分别获得 150 μA、1.5 mA、15 mA 左右的直流电流。

② 将拨盘开关分别转到 200 mA、20 mA、2 mA 挡位,测试上述挡位所对应的直流电流值,对比被测表与监测表的读数是否吻合。如果 200 mA 挡的读数偏高,可以在 0.99 Ω 的电阻上并联一个电阻,改变 0.99 Ω 的阻值,从而使它正常。

如果上面的测量有问题,应检查下列项目:

● 检查表内保险管是否烧断。在万用表内部,直流电流挡都有一只保险管,用来保护仪表在过载时不被损坏,若使用时出现误操作,会使保险管因过流而熔断。

● 检查电流挡输入端限幅二极管是否击穿短路。当输入端的限幅二极管击穿短路时,会使被测电流直接对 COM 端短路。此时,往往出现屡烧保险管现象。

● 检查电流挡输入端分流器的各分流电阻的数值和焊接情况是否正常。

直流电流的测量要特别注意:测量时应使用正确的插孔、功能挡和量程,如不能估计电流的大小,应从高的量程开始测试;当表笔插在电流插孔上时,切勿把表笔并联至任何电路上,否则可能烧断熔丝甚至万用表本身。

5)直流 20 A 挡校准

直流 20 A 挡的校准元件是 0.01 Ω 的锰铜丝电阻。

校准时需要一个能够输出 10 A 以上电流的直流电源和一只较大功率的负载电阻,然后将被校仪表与监测表一起串联在由直流电源与负载所构成的电路中。电源电压与负载电阻的取值以能向被校仪表提供 10 A 左右的测试电流为好。如果不使用监测表,也可以直接根据电源电压值与负载电阻值的比值来确定实际电流的大小,例如,若电源的电压为 10 V,负载选用 10 W 以上的 1 Ω 线绕电阻,则校准电流为 10 A。

校准时,将被校表的拨盘转到"20 A"位置,红表笔插入"20 A"插座,将表笔串接于被测电路中。观察被校表的电流显示值与实际电流值的差别。如果仪表的电流显示值高于实际值,说明锰铜丝的阻值偏大,可在锰铜丝上增加少许焊锡,使锰铜丝电阻相对减小,直到仪表显示正确的值;如果仪表的电流显示值小于实际值,说明锰铜丝阻值偏小,可将锰铜丝从线路板上焊起来一点点,使锰铜丝电阻在 20 A 和 COM 输入端之间的阻值增大,若锰铜丝的长度不够,可用斜口钳在锰铜丝上剪出几个凹坑来使阻值增加,但千万不能剪断,直到仪表显示值正常。

在校准过程中需要特别注意的是,在焊接锰铜丝时,锰铜丝的阻值会随其温度的变化而变化,只有等到冷却后才是准确的。

6)电阻/二极管测试

① 选用每个电阻挡满量程一半数值的电阻进行测试(即选用 100 Ω/1 kΩ/10 kΩ/100 kΩ/1 MΩ 等的电阻),用被测表与监测表分别测量同一个电阻,并将测量值进行对比,检查各挡误差的大小是否满足说明书中的精度要求。

② 用一个好的硅二极管(如 1N4007)进行测试,仪表读数应为 650 左右(即二极管的正向导通电压值约 650 mV);对于功率二极管,显示数值要低一些,可配合监测表使用。

如果上面的测量有问题,应检查下列项目:

● 检查电阻挡分压电阻的数值是否正常。

● 检查热敏电阻是否损坏。

7)蜂鸣器挡通断测试

将被测表功能旋钮转至蜂鸣器通断测试挡(与二极管挡相同),测试 30 Ω 以下的电阻值,蜂鸣器应能发声,声音应清脆无杂音。测试 70 Ω 以上电阻时不发声。

如果没有声音,应检查下列项目:

● 检查蜂鸣器线是否焊接正确或蜂鸣器本身是否有问题。

● 检查蜂鸣器电路中的电压比较器(IC3B)电路是否存在问题。

● 检查由 VT_4、R_{14}、R_{15}、R_{16} 及三端陶瓷蜂鸣器组成的音频振荡电路是否存在问题。

8)h_{FE} 测试

① 将拨盘转到 h_{FE} 挡位,选用小功率的 NPN(9014)和 PNP(9015)晶体管,并将其发射极、基极、集电极分别插入相应的插孔。

② 被测表显示晶体管的 h_{FE} 值,晶体管的 h_{FE} 值范围较宽,可以配合监测表使用。

如果上面的测量有问题,应检查以下项目:

- 检查晶体管测试座是否完好,焊接是否正常,有否短路、虚焊、漏焊等。
- 检查电阻 220 kΩ 和 10 Ω 的数值及焊接是否正确。

9）电容测量与校准

电容测量的校准元件是 R_{P3}。R_{P3} 的调节可以改变加到被测电容器上的 400 Hz 交流信号的大小,从而改变仪表的读数。

将转盘拨至 200 nF 量程,取一个标准的 100nF 的金属电容,插在电容夹的两个输入端,注意不要短路,如有误差可调节 R_{P3} 电位器,直到读数准确。

如果测量有问题,应检查以下项目:

- 检查电容电路是否有问题。
- 检查 RC 文氏桥振荡器电路中的 10 nF 电容是否有损坏。
- 检查 RC 文氏桥振荡器电路中的 39.2 kΩ 电阻是否有虚焊或变值现象。
- 检查电容测量电路的集成运放电路 IC4（LM324 或 LM358）是否能正常工作。

 相关知识

数字万用表是一款非常典型的电子测量产品,数字万用表的检测与应用技术也是电子测量的基础,是电子工作者需要掌握的一项基本技能。随着大规模集成电路的发展,由单片 A/D 转换器构成的数字万用表具有极高的性价比,获得迅速普及与广泛应用。数字万用表具有准确度高、分辨力强、测试功能完善、测量速度快、显示直观、保护功能完善、耗电少、便于携带等优点,因此,现在数字万用表已基本取代传统的指针式（即模拟）万用表,成为现代电子测量与维修工作中最常用的数字仪表。

◆ 一、数字万用表的功能与特点

数字万用表也称数字多用表,简称 DMM（Digital Multi-Meter）,是在数字电压表（Digital Voltmeter, DVM）的基础上,配上各种变换器所构成的多功能测量仪表,具有交、直流电压测量,交、直流电流测量,电阻测量,电容测量等多种功能。DT9205A 数字万用表除具备上述功能外,还有二极管正向导通电压测量、三极管电流放大系数测量、电路通断测试等功能。

数字万用表具有以下特点:

1. 数字显示,读数方便

传统的模拟式仪表必须借助指针和刻度盘进行读数,在读数过程中不可避免地会产生人为误差（例如视差）,并且容易造成视觉疲劳。数字万用表则采用先进的数字显示技术,使测量结果一目了然,只要仪表不发生跳数现象,测量结果就是唯一的,不仅保证了读数的客观性与准确性,还符合人们的读数习惯,能缩短读数和记录的时间。一些新型数字万用表还增加了标志符显示功能,包括测量项目符号、单位符号和特殊符号等。

DT9205A 数字万用表的显示位数为 3 1/2 位,读作三位半,即该仪表有 3 个整数位,最高位只显示 0 或 1,最大显示值为 ±1999,满量程计数值为 2000。该仪表采用了 ICL7106A 芯片,内设时钟电路、+2.8 V 基准电压源、异或门输出电路,能直接驱动 3 1/2 位液晶显示器。

2. 准确度高

准确度是测量结果中系统误差与随机误差的综合反映。它表示测量结果与真值的一致程度,也反映了测量误差的大小,准确度愈高,测量误差愈小。

数字万用表的准确度远高于模拟万用表。这是因为数字万用表是将被测的模拟电压转换为数字信号后再显示出具体数据。而这种转换一般会采用双斜积分式 A/D 转换器,可使 A/D 转换的准确度达 $\pm 0.05\%$,转换速率通常为 $2 \sim 5$ 次/s,且具有自动调零、自动判定极性等功能,从而使数字万用表具有非常高的准确度。例如,DT9205A 数字万用表测量直流电压(DCV)、交流电压(ACV)、直流电流(DCA)、交流电流(ACA)、电阻(Ω)、电容(CAP)的准确度依次为 $\pm 0.5\%$、$\pm 1.0\%$、$\pm 1.0\%$、$\pm 1.5\%$、$\pm 1.0\%$、$\pm 4.0\%$,仪表测量速率约 3 次/s。

3. 分辨力高

仪表的分辨力是指数字万用表在最低电压量程上末位 1 个字所对应的电压值,它反映仪表灵敏度的高低。分辨力随显示位数的增加而提高,例如,3 1/2 位、4 1/2 位、8 1/2 位 DMM 的分辨力分别为 100 μV、10 μV、1 nV。

数字万用表的分辨力指标亦可用分辨率来表示。分辨率是指仪表所能显示的最小数字(零除外)与最大数字的百分比,例如,3 1/2 位 DMM 的分辨率为 $1/1999 \approx 0.05\%$。

需要指出,分辨力与准确度属于两个不同的概念。前者表征仪表的"灵敏性",即对微小电压的"识别"能力;后者反映测量的"准确性",即测量结果与真值的一致程度。二者无必然的联系,因此不能混为一谈。实际上,分辨力仅与仪表显示位数有关,准确度则取决于 A/D 转换器等的总误差。从测量角度看,分辨力是"虚"指标(与测量误差无关),准确度才是"实"指标(代表测量误差的大小)。因此,任意增加显示位数来提高仪表分辨力的方案是不可取的,这样获得的高分辨力指标将失去意义。从数字万用表的设计角度看,分辨力应受准确度的制约,并与之相适应。

4. 测量范围宽

具有多量程的数字万用表,一般 DCV 挡可测 0.01 mV $\sim$ 1000 V 直流电压,配上高压探头还可测量上万伏的高压;DCA 挡可测 0.1 μA $\sim$ 20 A;电阻挡可测 0.01 Ω $\sim$ 200 MΩ;CAP 挡可测 0.1 pF $\sim$ 20 μF。智能型数字万用表的测量范围更广。

5. 扩展功能强

数字万用表(DMM)的一般功能通常要比模拟万用表的功能多得多。如 DT9205A 数字万用表共设置有 32 个量程,可以测量直流电压(DCV)、交流电压(ACV)、直流电流(DCA)、交流电流(ACA)、电阻(Ω)、电容(CAP)、二极管正向压降(U_F)、晶体三极管电流放大系数(h_{FE}),且蜂鸣器挡可用来检查线路通断。

数字万用表还可扩展成各种通用及专用的测量仪表与智能仪器,以满足不同的需要,例如用来测量电导、电感、温度、频率等。

6. 测量速率快

数字万用表每秒钟对被测电量的测量次数叫测量速率,单位是"次/秒"。它主要取决于 A/D 转换器的转换速率,其倒数是测量周期。3 1/2 位、5 1/2 位 DMM 的测量速率分别为几次/秒、几十次/秒。8 1/2 位 DMM 采用降位的方法,测量速率可达 10 万次/s。

7. 输入阻抗高

数字万用表电压挡具有很高的输入阻抗,通常为 10 $\sim$ 10000 MΩ,最高可达 1 TΩ。数字万用表在测量时从被测电路上吸取的电流极小,不会影响被测信号源的工作状态,能减小由信号源内阻引起的测量误差。

8. 功耗低

新型数字万用表普遍采用 CMOS 大规模集成电路,整机功耗很低。如 DT9205A 数字万用表所采用的 ICL7106A 芯片的工作电源为 9 V/1.8 mA(工作电压范围为 +7~+15 V),9 V 供电的整机功耗约 16 mW,一节 9 V 叠层电池能连续工作 200 小时或间断使用半年左右。有些数字万用表采用了微功耗的芯片,可使功耗更低,如 ICL7136 芯片的工作电源为 9V/100 μA(适配 LCD),ICL7137 芯片的工作电源为 ±5V/200 μA(适配共阳 LED)。

9. 抗干扰能力强

数字万用表大多采用双积分式 A/D 转换器,其串模抑制比(SMR)、共模抑制比(CMR)分别可达 100 dB、80~120 dB。高档数字万用表还采用数字滤波、浮地保护等先进技术,进一步提高了抗干扰能力,CMR 可达 180 dB。

10. 可靠性高

现在很多数字万用表具有过载保护功能,可以实现过载保护,防止误操作而烧毁仪表。如 DT9205A 数字万用表在电阻挡和二极管挡时,若误测 220 V 交流电压,该仪表均可实现功能保护,不致受到损坏。有些仪表还具有防跌落功能,从而具有更高的可靠性。

◆ 二、数字万用表的电路组成

数字万用表是由数字电压表(DVM)配上各种变换器所构成的,因而具有交直流电压测量、交直流电流测量、电阻测量和电容测量等多种测量功能。图 4-15 是数字万用表的电路结构框图,分为输入与变换部分、A/D 转换器部分、显示部分。输入与变换部分,主要通过电流-电压(I/U)转换器、交流-直流(AC/DC)转换器、电阻-电压(R/U)转换器、电容-电压(C/U)转换器等,将各测量参数转换成 0~200 mV 的直流电压量 U_{IN},U_{IN} 再送入模拟/数字(A/D)转换器,将模拟电压转换为数字量后进行测量,最后由显示器显示测量值。A/D 转换器电路与显示部分由集成电路 ICL7106A 和液晶显示器 LCD 构成。

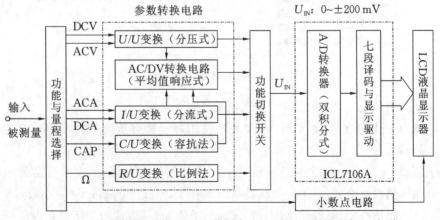

(基本量程:200 mV;工作频率:45.5 kHz;测量速度:3次/秒)

图 4-15　DT9205A 数字万用表电路结构框图

我们可以看出,数字万用表以直流 200 mV 作为基本量程,配接与之成线性变换的直流电压、电流,交流电压、电流,欧姆,电容等参数变换器,便能将各自对应的电参量用数字显示出来。该电路的核心是大规模集成电路 ICL7106A,该芯片内部包含双积分 A/D 转换器、显示锁存器、七段译码器和显示驱动器。

◆ 三、ICL7106A 单片 A/D 转换器工作原理

DT9205A 数字万用表的核心电路是单片 3 1/2 位 A/D 转换集成电路 ICL7106A,共有 42 个引脚。ICL7106A 是 ICL7106 的改进型,在 ICL7106(共 40 个引脚)的基础上增加了 2 个引脚,1 个是低电压指示 LOB,另 1 个是读数保持 HOLD,其余相同。而 ICL7106 是目前应用最广泛的一种 3 1/2 位 A/D 转换器,其同类产品还有 TSC7106、TC7106,可互相替换。

1. 引脚功能

ICL7106A 共有 42 个引出端,比 ICL7106 增加了 2 个引脚(LOB 和 HOLD)。引脚排列如图 4-16 所示。

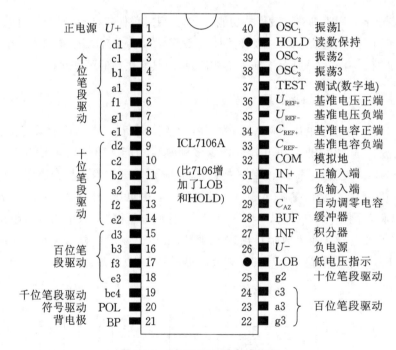

图 4-16 ICL7106A 引脚功能图

U+、U−:分别为电源(常用 9 V 叠式电池)的正、负端。

COM:模拟信号的公共端,简称"模拟地",使用时通常将该端与输入信号的负端、基准电压的负端短接。

$a1\sim g1$、$a2\sim g2$、$a3\sim g3$:分别为个位、十位、百位笔段驱动端,依次接液晶显示器的个、十、百位的相应笔段电极。LCD 为 7 段显示($a\sim g$),DP(digital point)表示小数点。

bc4:千位(即最高位)笔段驱动端,接 LCD 的千位 b、c 段,这两个笔段在内部是连通的,当计数值 $N>1999$ 时,显示器溢出,仅千位显示"1",其余位均消隐,以此表示仪表过载。

POL:负极性指示驱动端(极性标记:polarity mark)。

BP:液晶显示器背面公共电极的驱动端,简称"背电极",由该端输出 50 Hz 的方波加在

LCD 的公共电极上,用于 LCD 正常工作状态的数据显示。

LOB:低电压指示驱动端(low battery),当 9 V 电池的电压低于 6 V 时,LCD 上显示低电压符号。

$OSC_1 \sim OSC_3$:时钟振荡器的引出端,与外接阻容元件构成两级反相式阻容振荡器。

IN+、IN−:模拟电压输入端,分别接被测直流电压 U_{IN} 的正端与负端。

U_{REF+}:基准电压的正端,简称"基准+",通常从内部基准电压源获取所需要的基准电压,亦可采用外部基准电压,以提高基准电压的稳定性。

$U_{REF−}$:基准电压的负端,简称"基准−"。

C_{REF+}、$C_{REF−}$:外接基准电容的正、负端。

C_{AZ}:外接自动调零电容端,该端接芯片内部积分器的反相输入端。

BUF:缓冲放大器的输出端,接积分电阻 R_{INT}。

INT:积分器输出端,接积分电容 C_{INT}。

HOLD:读数保持端,将该端通过开关与 U+端短接时,内部时钟振荡器停振,数字电路停止工作,LCD 公共背电极上的方波电压也随之消失,IN+端输入的电压不再产生新的计数脉冲,数据锁存器的数据不变,计数器保持原计数状态不变,每个笔段译码器所输出的电平也不变,LCD 上所显示的读数也不变,从而保持短路前一瞬间被测电压的数值,直至短路开关断开,开关闭合时间就是读数保持时间。

TEST:测试端,该端经内部 500 Ω 电阻接数字电路公共端,因这两端呈等电位,故也称为"数字地(GND 或 DGND)""逻辑地"。此端用作"测试指示",将它与 U+短接后,LCD 的全部笔段上均有电压,应显示出 1888(全部笔段),据此可确定显示器有无笔段残缺现象。

注意:

LCD 液晶显示器在正常情况下需采用交流驱动方式(背电极 BP 为 50 Hz 方波),而上述 TEST 和 HOLD 功能应用时,都会导致 LCD 背电极 BP 的 50 Hz 方波的脉冲信号消失,使 LCD 变为直流驱动方式(各笔段上约 4~5 V 直流电压)。长时间的直流驱动,会影响 LCD 的显示性能,缩短 LCD 的使用寿命。因此,读数保持时间和功能测试时间都应控制在 1 分钟之内,最长不超过 5 分钟。

2. ICL7106A 的电路组成

ICL7106A 为双斜积分式 A/D 转换器,其电路组成如图 4-17(a)所示,包括模拟电路和数字电路两大部分。模拟电路主要有积分器、过零比较器、基准电压电路等;数字电路主要有逻辑控制电路、计数器、显示电路(含显示所需的数据锁存、显示译码与驱动)等。

双斜积分式 A/D 转换器的转换准确度高,抗串模干扰能力强,电路简单,成本低廉,适合作为低速 A/D 转换器。因此,一般数字万用表的 A/D 转换器均采用这种转换电路。

图 4-17(b)为双斜积分式 A/D 转换器的输入电压与输出电压示意图。在一个测量周期内(一个测量周期 T 为 4000 个时钟脉冲周期 T_{cp}),积分器在自动调零(AZ)后,首先对输入信号 U_{IN} 进行正向积分(INT 阶段,也称为定时积分,其积分时间固定为 $T_1 = 1000T_{cp}$),然后由开关 S 切换,再对与 U_{IN} 极性相反的基准电压 $−U_{REF}$ 反向积分(DE 阶段,也称为定压积分,其时间为 T_2)。过零比较器将积分器的输出信号 U_{o2} 与零电平进行比较,比较的结果就作为数字电路的控制信号(闸门信号),控制计数器的计数时间 T_2,从而获得与输入信号 U_{IN} 相对应的计数值 N。

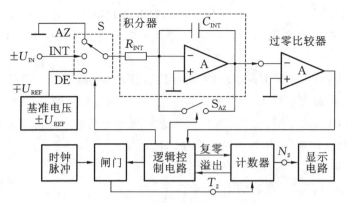

（a）双斜积分式A/D变换器原理框图

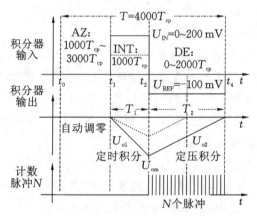

（b）积分器输入与输出电压示意图

图 4-17　双斜积分式 A/D 变换器

由图可见,模拟电路与数字电路是互相联系的,一方面控制逻辑单元产生控制信号,按照规定的时序控制模拟开关的接通或断开;另一方面模拟电路中的比较输出信号又控制数字电路的工作状态与显示结果。

3. ICL7106A 工作原理

ICL7106A 内部包括模拟电路和数字电路两大部分。下面分别介绍模拟电路与数字电路的工作原理。

1）模拟电路

（1）模拟电路的组成。

在 ICL7106A 内部,模拟电路由双斜积分式 A/D 转换器构成,电路如图 4-18 所示,主要包括 2.8 V 基准电压源(E_0)、缓冲器(A_1)、积分器(A_2)、比较器(A_3)和模拟开关 S 等。

基准电压源 E_0 电路,由稳压二极管 Dz、硅二极管 D、基准电流源、电阻 R_1 和 R_2 组成。当接在 $U+$ 与 $U-$ 之间的电源电压 $E \geqslant 7$ V 时,Dz 被反向击穿,其稳定电压 $U_Z = 6.2$ V,基准电流源可保证在电源电压变化或温度变化时流过稳压管的电流基本不变,使稳压值更稳定。U_Z 经过 D、R_1 和 R_2 分压之后,得到 $E_0 = 2.8$ V。硅二极管正向电压 U_F 的温度系数为负值,而电阻 R_1、R_2 上的电压具有正的温度系数,二者互相抵消,可显著降低温漂,保证 E_0 具有极稳定的电压和极低的电压温度系数。缓冲器 A_1 用于信号输入电路与积分器之间的隔离。缓冲器 A_4 接在 E_0 与 COM 端之间,专门用来提高 COM 端带负载的能力,NMOS 管加在 COM

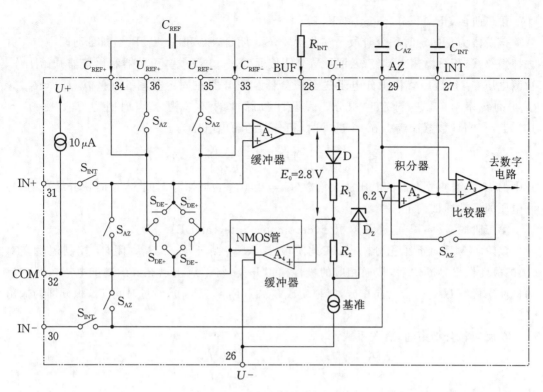

图 4-18 ICL7106A 的模拟电路

与 $U-$ 之间,可使 COM 端电位比 $U-$ 高 $4\sim6.4$ V(视电池新旧而定)。这就为设计数字万用表的电阻挡、二极管挡和 h_{FE} 挡提供了便利条件。外电路的变化均能维持 $U+$ 与 COM 端之间的电压为 2.8 V。另外,利用 2.8 V 基准电压源 E_0,不仅能给芯片提供基准电压,还可直接利用芯片外接的电阻分压器从 E_0 获取所需的基准电压值 U_{REF}。分压器通常由固定电阻与精密电位器(R_P)组成,仔细调整 R_P 即可获得所需的基准电压值。电路中通常还将 COM 端与 IN$-$ 端短路,否则二者电位不等,由此产生的共模电压会引起测量误差。

(2) 双斜积分式 A/D 转换器工作过程。

双斜积分式 A/D 转换器的每个转换周期分 3 个阶段进行——自动调零(AZ)阶段、正向积分(INT)阶段、反向积分(DE)阶段,并按照 AZ→INT→DE→AZ……的顺序进行循环。3 个阶段的切换与循环分别由 3 组模拟开关进行控制,其中 S_{AZ} 是自动调零开关,S_{INT} 为正向积分开关,S_{DE+} 和 S_{DE-} 均为反向积分开关。正向积分阶段也称为定时积分阶段,反向积分阶段也称为定压积分阶段。

第一阶段,自动调零(auto zero,AZ)。

在自动调零阶段,S_{AZ} 闭合,S_{INT} 和 S_{DE} 断开,完成下述工作:

① 将 IN$+$、IN$-$ 的外部引线断开,同时把缓冲器的同相输入端接模拟地,使芯片内部的输入电压 $U_{IN}=0$ V;

② 将积分器反相输入端与比较器输出端短接,由失调电压对自动调零电容 C_{AZ} 充电,用以补偿缓冲器、积分器、比较器的失调电压(可保证输入失调电压小于 10 μV);

③ 在 35 脚与 36 脚之间为基准电压 U_{REF},标准状态设定为 100 mV,U_{REF} 向基准电容 C_{REF} 充电,使该电容上的电压被充到 U_{REF},为反向积分做准备。

第二阶段,正向积分(integral,INT)。

该阶段为正向定时积分阶段。在此阶段,S_{INT} 闭合,S_{AZ} 和 S_{DE} 断开,切断自动调零电路并去掉短路线,积分器输入端经缓冲器 A_1 分别接通 IN+、IN− 端,积分器和比较器开始工作。被测电压 U_{IN} 经缓冲器和积分电阻送至积分器。积分器在固定时间 T_1 内,以 $U_{IN}/(R_{INT} \cdot C_{INT})$ 的斜率对 U_{IN} 进行定时积分。假设计数脉冲的频率为 f_{CP},周期为 T_{CP},则 $T_1 = 1000T_{CP}$。当计数器计满 1000 个脉冲时,积分器的输出电压为

$$U_0 = \frac{K}{R_{INT}C_{INT}} \int_0^{T_1} U_{INT} \, dt = \frac{K}{R_{INT}C_{INT}} \cdot U_{IN} T_1$$

式中的 K 为缓冲放大器的电压放大倍数($K = 1$),T_1 也叫采样时间。当正向积分结束时,被测电压的极性即被判定。

第三阶段,反向积分,亦称解积分(decompose integral,DE)。

该阶段为反向定压积分阶段。在此阶段,S_{AZ}、S_{INT} 断开,S_{DE+}、S_{DE-} 闭合。控制逻辑在对 U_{IN} 的极性做出判断之后,接通相应的极性模拟开关,将 C_{REF} 上已充好的基准电压按照相反的极性来代替 U_{IN},进行反向积分,斜率变成 $U_{REF}/(R_{INT} \cdot C_{INT})$。经过时间 T_2,积分器的输出又回零。

在反向积分结束时,有关系式:

$$U_0 - \frac{K}{R_{INT}C_{INT}} \int_0^{T_2} U_{REF} \, dt = U_0 - \frac{K}{R_{INT}C_{INT}} U_{REF} T_2 = 0$$

代入 U_0 后可得

$$\frac{K}{R_{INT}C_{INT}} \cdot U_{IN} T_1 - \frac{K}{R_{INT}C_{INT}} U_{REF} T_2 = 0$$

即有 U、T 之间的关系式:

$$U_{IN} \cdot T_1 = U_{REF} \cdot T_2$$

假定在 T_2 时间内计数值为 N(即仪表显示值,不计小数点),则 $T_2 = N \cdot T_{CP}$。则

$$N = \frac{T_1}{T_{CP}U_{REF}} \cdot U_{IN}$$

显然,T_1、T_{CP}、U_{REF} 均为定值,故 N 仅与被测电压 U_{IN} 成正比,由此实现了模拟量到数字量的转换。

代入 ICL7106A 的正向积分时间 $T_1 = 1000T_{CP}$,基准电压 $U_{REF} = 100$ mV。则仪表显示值为

$$N = \frac{T_1}{T_{CP}U_{REF}} U_{IN} = \frac{1000T_{CP}}{T_{CP}100 \text{ mV}} U_{IN} = 10U_{IN}$$

因此,只要把小数点定在十位后面,便可直接读取结果。

满量程时 $N = 2000$,$U_{IN} = U_M$,因而满量程电压 U_M 与基准电压 U_{REF} 的关系式为 $U_M = 2U_{REF}$。

显然,当 $U_{REF} = 100.0$ mV 时,$U_M = 200$ mV;$U_{REF} = 1000$ mV 时,$U_M = 2$ V。上述关系是由 ICL7106A 本身特性所决定的,外部无法改变。3 1/2 位数字电压表的最大显示值为 1999,满量程时将显示过载(溢出)符号"1"。

(3) ICL7106A 的工作周期。

在测量过程中,ICL7106A 能自动完成下述循环:

自动调零 → 正向积分 → 反向积分

每个循环的测量周期共需 $4000T_{CP}$。其中,正向积分时间固定不变,$T_1=1000T_{CP}$;反向积分时间 T_2 为 $0\sim2000$ T_{CP},由输入电压 U_{IN} 的大小确定。当 $U_{IN}=0$ 时,$T_2=0$;当 $U_{IN}=200$ mV 时,$T_2=2000T_{CP}$。反向积分时间与自动调零时间共需 $3000T_{CP}$。

为了提高仪表抗串模干扰的能力,正向积分时间(亦称采样时间)T_1 应是工频周期的整倍数。我国采用 50 Hz 交流电网,其周期为 20 ms,所以应选 $T_1=n\times20(\text{ms})$,n 为正整数。如取 $n=2$、4、5 时,$T_1=40$ ms、80 ms、100 ms,则能有效地抑制 50 Hz 干扰。这是因为积分过程有取平均的作用,只要干扰电压的平均值为零,就不影响积分器输出。但 n 值也不宜过大,以免测量速率太低。实际应用中的 ICL7106A 的时钟频率取 $f_o\approx40$ kHz,经 4 分频后得 $f_{CP}=10$ kHz,则正向积分时间 $T_1=1000T_{CP}=100$ ms,恰是交流电网周期 20 ms 的整数倍。利用正向积分阶段对输入电压进行平均的特点,即可消除来自外界的工频干扰。

2)数字电路

数字电路亦称逻辑电路。ICL7106A 的数字电路如图 4-19 所示,主要包括 8 个单元:①时钟振荡器;②分频器;③计数器;④锁存器;⑤译码器;⑥异或门相位驱动器;⑦控制逻辑;⑧LCD 显示器。

ICL7106A 的内部数字地 GND 由 6.2 V 稳压管与 MOS 场效应管等电路产生。数字地 GND 的电位设置为电源电压($E=9$ V)的中点,即 GND 与 $U+$ 及 $U-$ 之间的电压均为 4.5 V。显然,数字地 GND 与模拟地 COM 端的电位不等,二者不得短接,否则芯片无法正常工作。

时钟振荡器由 ICL7106 内部反相器 F_1、F_2 以及外部阻容元件 R、C 组成,属于两级反相式阻容振荡器,当 $R=110$ kΩ,$C=100$ pF 时,可输出振荡频率 $f_o\approx0.455/RC\approx40$ kHz 的方波。f_o 经过 4 分频后得到计数频率 $f_{cp}=10$ kHz,即 $T_{CP}=0.1$ ms。此时测量周期 $T=16000T_0=4000T_{cp}=0.4$ s,测量速率为 2.5 次/s。f_o 还经过 $4\times200=800$ 分频,得到 50 Hz 方波电压,接 LCD 的背电极 BP。

计数器采用二-十进制 BCD(binary-coded decimal)码。每个整数位的计数器均由四级触发器的门电路组成,最高位亦称 1/2 位(千位),只有 0 和 1 两种计数状态,故仅用一级触发器。

译码器和译码器之间,仅当控制逻辑发出选通信号时,计数器中的 A/D 转换结果才能在计数过程中不断跳数,便于观察与记录。

控制逻辑具有 3 种功能:第一,识别积分器的工作状态,及时发出控制信号,使模拟开关按规定顺序接通或断开,确保 A/D 转换正常进行;第二,判定输入电压 U_{IN} 的极性,并且使 LCD 显示器在负极性 U_{IN} 时显示"$-$"(负极性符号 POL);第三,当输入电压超量程时发出溢出信号,使千位上显示"1",其余位均消隐。

相位驱动器是为了满足液晶显示器(LCD)的交流驱动方式而设置的。LCD 正常工作时须采用脉冲方波的驱动方式(如果加在液晶分子上的电压长时间不变,则会影响液晶分子的性能)。因此在相位驱动器中,利用异或门输出电路来直接驱动 7 段码 LCD。当笔段电极 a~g 与背电极 BP 呈等电位时不显示,当二者存在一定的相位差时,液晶才显示。因此,可将两个频率与幅度相同而相位相反的方波电压,分别加至某个笔段引出端与 BP 端之间,利用二者的电位差来驱动该笔段显示。驱动电路采用异或门,其特点是当两个输入端的状态相异时(一个为高电平,另一个为低电平),输出为高电平,反之输出低电平。7 段码 LCD 驱动电路如图 4-20 所示。图中,加在 a、b、c 笔段上的方波电压与 BP 端方波电压的相位相反,

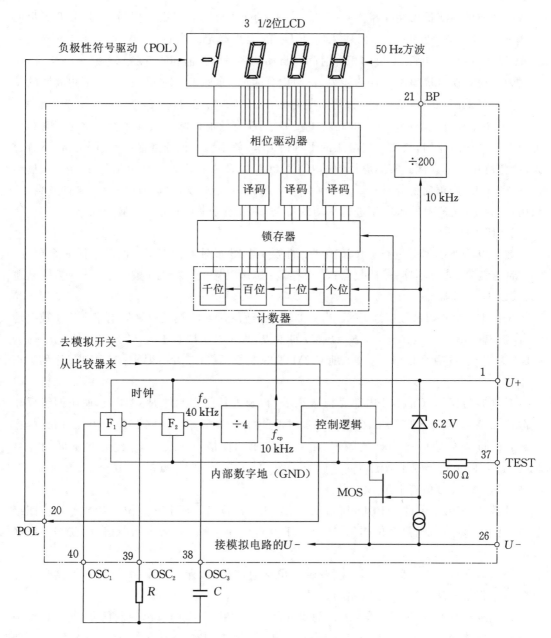

图 4-19 ICL7106A 的数字电路

存在电位差,使这 3 段显示;而 d、e、f、g 段消隐,故可显示数字"7"。显然,只要在异或门输入端加控制信号(即译码器输出的高、低电平),用以改变驱动器输出方波的相位,就能显示所需数字。

需要说明的是,相位驱动器只提供了 7 段码数字的显示,而 LCD 上的小数点显示,尚需外接的小数点电路与量程切换开关来设定。

4. ICL7106A 与 LCD 的连接

ICL7106A 是以静态方式驱动3 1/2位 LCD 的,因此芯片的各驱动端与 LCD 管脚是一一对应的。液晶显示器一般经过导电橡胶条与驱动电路相连接,电路的连接如图 4-21 所示,图中的 A、B、C 分别为千、百、十位的小数点的对应信号。

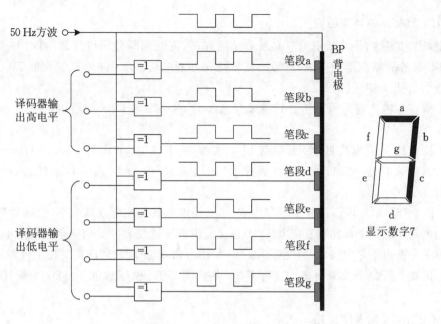

图 4-20   7 段码 LCD 驱动电路

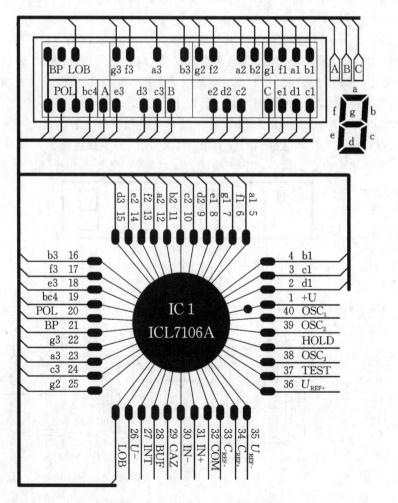

图 4-21   ICL7106A 与 LCD 的连接电路

5. ICL7106A 的功能检查

功能检查的目的是判断 ICL7106A 质量的好坏,进而判断数字电压表(DVM)或数字万用表(DMM)的故障范围是在 A/D 转换器还是在外围电路。以 200 mV 量程的 DVM 为例,功能检查分以下 4 步进行:

(1) 检查零输入时的显示值。将 ICL7106A 的 IN+端与 IN−端短接,使 $U_{IN}=0$ V,仪表应显示"00.0"。

(2) 检查比例读数。将 IN+端与 U_{REF} 端短接,用 U_{REF} 来代替 U_{IN},即 $U_{IN}=U_{REF}=100.0$ mV,仪表应显示"100.0",此步骤称为"比例读数"检查,它表示 $U_{IN}/U_{REF}=1$ 时仪表的显示值。

(3) 检查全显示笔段。将 TEST 端接 $U+$ 端,令内部数字地变成高电平,全部数字电路停止工作。因每个笔段上都加有直流电压(不是交流方波),故仪表应显示全部笔段"1888"(此时小数点驱动电路也不工作)。为避免降低 LCD 使用寿命,检查的时间应控制在 1 分钟之内。

(4) 检查负号显示及溢出显示。将 IN+端接 $U-$ 端,使 U_{IN} 远低于−200 mV,仪表应显示"−1"。

6. ICL7106A 的典型应用

以 DT9205A 数字万用表为例,由 ICL7106A 构成的 3 1/2 位数字电压表(DVM)电路如图 4-22 所示,基本量程 $U_M=200$ mV。

R_{10}、C_{08} 为时钟振荡器的阻容元件,其振荡频率为 $f_0 \approx 40$ kHz 的方波。R_{12} 与 R_{P1}、R_{13} 构成基准电压分压器,R_{P1} 采用精密电位器,调整 R_{P1},使 $U_{REF}=U_M/2=100.0$ mV,满量程定为 200 mV,二者呈 1:2 的关系。R_{11} 为 U_{REF+} 端的限流电阻。R_{08}、C_{05} 为模拟输入端高频阻容滤波器,以提高仪表抑制高频干扰的能力,R_{08} 兼做 IN+输入端的限流电阻。C_{07} 为基准电容。C_{04} 为自动调零电容。R_{07}、C_{03} 分别为积分器的积分电阻和积分电容。$R_{17} \sim R_{19}$ 为小数点电路,配合小数点切换开关和背电极 50 Hz 方波,实现 LCD 的小数点显示。仪表采用 9 V 叠层电池供电,测量速率约 2.5 次/s。IN−端、U_{REF-} 端与 COM 端互相短接。

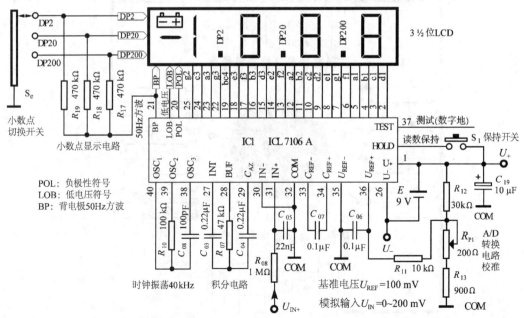

图 4-22　由 ICL7106A 构成的 3 1/2 位数字电压表(DVM)的电路

四、DT9205A 数字万用表的各功能电路分析

DT9205A 数字万用表可测量 DCV、ACV、DCA、ACA、Ω、CAP、二极管 U_F、三极管 h_{FE}，此外还有自动关机电路和蜂鸣器电路。具体如下：

1. 测量直流电压的电路

DT9205A 数字万用表的直流电压（DCV）测量共设 5 挡：200 mV、2 V、20 V、200 V、1000 V。基本量程设计为 200 mV。电路如图 4-23 所示，$R_{22}\sim R_{26}$ 为分压电阻，均采用误差为 $\pm 0.3\%$ 的精密金属膜电阻，总阻值为 10 MΩ。R_{22} 实际上是由 2 只 4.5 MΩ 的配对电阻串联而成的。该分压器可将 0～1000 V 被测直流电压一律衰减到 0～200 mV，再送至 200 mV 基本 DVM 进行测量。

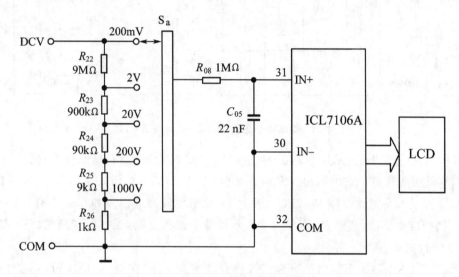

图 4-23 直流电压测量电路

在直流电压测量电路中，有几点需要说明：

（1）各电压挡的输入电阻 R_{IN} 均为 10 MΩ。这是考虑到 ICL7106 型单片 3 1/2 位 A/D 转换器的输入电阻的典型值为 $r_{IN}=10^{10}$ $\Omega=10000$ MΩ，在设计多量程数字电压表时，一般选仪表的输入电阻 $R_{IN}=10^{-3}r_{IN}=10$ MΩ，使 $R_{IN}\ll r_{IN}$，因此可以完全忽略 ICL7106 的 r_{IN} 对输入信号的分流影响，从而使电压挡的各挡输入电阻均为 10 MΩ。

（2）精密电阻分压器中的最大电阻 R_{22} 的阻值通常由 2 只电阻配对后串联成 9 MΩ。这是由于 R_{22} 的阻值非常高（9 MΩ），而高阻值电阻的阻值易受气候潮湿等因素影响，不容易保持稳定，且绝对误差相应较大，为了校准电阻值，通常需要用 2 只阻值较小、误差相反的配对电阻串联成 9 MΩ。

（3）直流电压挡的精密电阻分压器通常兼做交流电压测量电路的分压器和电阻测量电路的标准电阻，这是为了节省数字万用表中的元件数量。另外，考虑到直流电压挡只有 5 挡，而电阻挡共有 6 挡，因此分压器中的 1 kΩ 电阻也可以由 100 Ω 与 900 Ω 的电阻串联而成，其中 100 Ω 电阻可作为 200 Ω 挡的标准电阻（电阻挡的标准电阻值应为该电阻挡的量程的一半）。当然，也可以在 200 Ω 挡电阻测量电路中另外增加 1 只 100 Ω 的标准电阻，而精密分压器中的 1 kΩ 电阻不变，DT9205A 数字万用表采用的就是这种方法。

2. 测量交流电压的电路

DT9205A 数字万用表的交流电压（ACV）测量共设置 5 挡：200 mV、2 V、20 V、200 V、700 V（RMS）。它是在直流电压测量电路的基础上，插入线性"交流-直流"转换电路（即 AC/DC 转换器）。ACV 测量的输入端与 DCV 挡共用一套分压器，AC/DC 转换器将 0～200 mV 的正弦交流电压（有效值）转换为 0～200 mV 的直流电压，然后送到 200 mV 的数字电压表（DVM）。电路如图 4-24 所示。

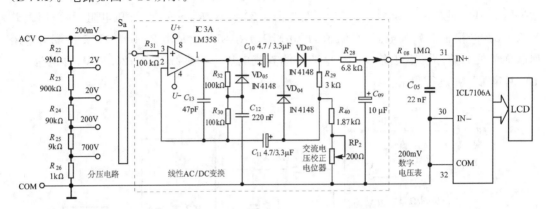

图 4-24　交流电压测量及 AC/DC 转换器电路

线性"交流-直流"转换采用平均值响应的 AC/DC 转换器，具有线性好、准确度高、电路简单、成本低廉等优点。它由同相放大器 IC3A（1/2 LM358）、整流二极管 VD_{03} 和 VD_{04}、隔直电容 C_{10} 和 C_{11}、平滑滤波器 R_{28} 和 C_{09} 等组成。交流电压满量程为 200 mV（有效值）。R_{P2} 为 ACV 挡校准电位器，调整 R_{P2} 可使仪表显示值等于被测交流正弦电压的有效值。VD_{05} 用于减小非线性失真。

需要指出，该电路属于输出不对称式线性全波整流电路，在正、负半周时的等效电路及整流输出波形如图 4-25 所示。正半周时电压放大倍数 $A_u > 2.22$（半波整流时正弦波的有效值与平均值的关系为 $U_{RMS} = 2.22\overline{U_O}$）；负半周时 $A_u = 1$，它相当于电压跟随器。通过 R_{P2} 的调整和 R_{28}、C_{09} 平滑滤波器，可较好地保证该电路输出的平均电压与输入的正弦交流电压的有效值相等。

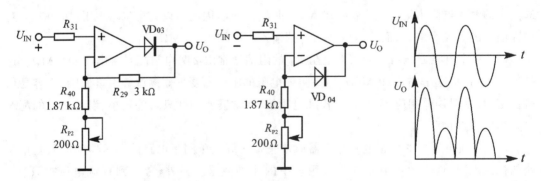

图 4-25　AC/DC 转换器的等效电路及输出波形

在 AC/DC 转换电路中，正半周时 VD_{03} 导通，VD_{04} 截止，IC3A 输出电流的途径是：$C_{10} \rightarrow VD_{03} \rightarrow R_{29} \rightarrow R_{40} \rightarrow R_{P2} \rightarrow COM$（地），并经过 R_{28} 对 C_{09} 充电。此时的电压放大倍数为

$$A_\mathrm{u}=1+\frac{R_{29}}{R_{40}+R_{\mathrm{P2}}}=1+\frac{3\ \mathrm{k\Omega}}{1.87\ \mathrm{k\Omega}+R_{\mathrm{P2}}}$$

代入调整电位器的值($R_{\mathrm{P2}}=0\sim200\ \Omega$),可得 $A_\mathrm{u}=2.60\sim2.45$(大于 2.22)。

负半周时 VD_{04} 导通,VD_{03} 截止,电流途径变成 $\mathrm{COM}{\rightarrow}R_{\mathrm{P2}}{\rightarrow}R_{40}{\rightarrow}VD_{04}{\rightarrow}C_{10}{\rightarrow}\mathrm{IC3A}$,此时的电路为电压跟随器,$A_\mathrm{u}=1$。

由 R_{28} 和 C_{09} 组成的平滑滤波器可滤除交流纹波,高频干扰信号则被由 R_{08}、C_{05} 构成的高频滤波器滤掉,从而获得稳定的平均值电压,再通过 3 1/2 位单片 A/D 转换器 IC1(ICL7106)完成数/模转换,驱动 LCD 显示测试结果。

该 AC/DC 转换电路能消除二极管在小信号整流时所引起的非线性误差,使输出的平均值电压 $\overline{U_\mathrm{O}}$ 与 AC/DC 转换器的输入电压 U_{IN}(有效值)呈线性关系,适合测量 $40\sim400$ Hz 的正弦波,测量准确度优于 1%。当频率超过 400 Hz 时,测量误差会增大。

为提高 AC/DC 转换器的输入阻抗,将 IC3A 接成同相放大器。电路中的 R_{31} 是 LM358 同相输入端电阻,R_{30} 与 R_{32} 为负反馈电阻,可将 IC3A 偏置在线性放大区。C_{13} 是运放的频率补偿电容。R_{30} 和 C_{12} 还向 VD_{05} 提供偏压,VD_{05} 的导通可以减小 LM358 对小信号放大时的波形失真。运放 LM358 的电源 U+ 取自 IC1 内部的 +2.8 V 基准电压源。C_{10}、C_{11} 用来隔直流、通交流。上述 AC/DC 转换器可以适配各种 3 1/2 位至 4 1/2 位单片 A/D 转换器所构成的数字万用表。

3. 测量电流的电路

直流电流(DCA)的测量电路如图 4-26 所示,共设置 4 挡:2 mA、20 mA、200 mA、20 A。其中 20 A 挡专用一个输入插孔。VD_{13} 和 VD_{14} 为双向限幅过电压保护二极管,熔丝管 FUSE 为过电流保护元件。分流器由 $R_{61}\sim R_{63}$ 组成,总阻值为 100 Ω。其中,$R_{61}\sim R_{63}$ 采用精密金属膜电阻。为承受 20 A 大电流,R_{60} 必须选用电阻温度系数极低($\alpha_\mathrm{T}<40\times10^{-6}/\mathrm{^\circ C}$)的锰铜丝制成。各电流挡的满度压降均为 200 mV。可直接配 200 mV 的数字电压基本表。

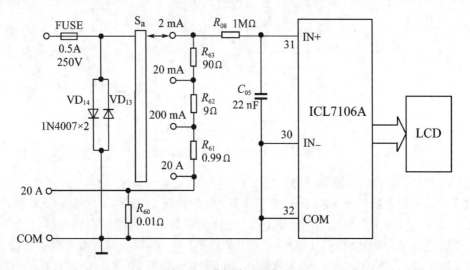

图 4-26 直流电流测量电路

交流电流测量电路把图 4-24 中的分压器电路换成图 4-26 所示的分流器即可。这样便由分流器、AC/DC 转换器、ICL7106A 这三个部分组成了交流电流测量电路。

4. 测量电阻的电路

现在的数字万用表都采用比例法来测量电阻。比例法是测量电阻的一种新方法,它具有电路简单、准确度高等优点,能充分发挥单片 A/D 转换器本身的优良特性,实现 R/U 转换,即使基准电压存在偏差或发生波动,也不会增加测量误差。

1）用比例法测量常规电阻

① 比例法测量电阻的原理。

比例法测量电阻的原理如图 4-27 所示。被测电阻(R_X)与标准电阻(R_0)串联后接在 ICL7106 的 $U+$ 端与 COM 端之间。$U+$ 与 U_{REF+} 相连,IN+ 与 U_{REF-} 相连,IN- 与 COM 相连。将内部基准电压源 $E_0 - 2.8\text{ V}$ 作为测试电压,向 R_0 和 R_X 提供测试电流。然后以 R_0 两端的压降作为基准电压 U_{REF},R_X 两端的压降作为仪表输入电压 U_{IN},有关系式

$$\frac{U_{IN}}{U_{REF}} = \frac{U_{R_X}}{U_{R_0}} = \frac{IR_X}{IR_0} = \frac{R_X}{R_0}$$

根据 ICL7106 的比例读数特性,当 $R_X = R_0$,即 $U_{IN} = U_{REF}$ 时,仪表显示值 N 应等于 1000。$R_X = 2R_0$ 时为满量程,仪表开始溢出。通常情况下

$$N = 1000 \times \frac{U_{IN}}{U_{REF}} = 1000 \times \frac{R_X}{R_0}$$

这表示显示值仅取决于 R_X 与 R_0 的比值,故这种方法称为比例法。此法对各种单片 A/D 转换器均适用。以 200 Ω 电阻挡为例,取 $R_0 = 100\text{ }\Omega$,可得到

$$N = 1000 \times \frac{R_X}{R_0} = 10 \times R_X$$

将小数点定在十位上即可直接读取结果。对于其他电阻挡,只需改变电阻单位(kΩ、MΩ)及小数点位置,就能直接读出结果。

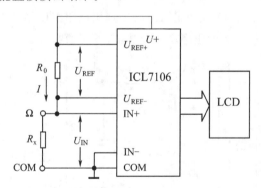

图 4-27 比例法测量电阻的原理

② 具有多个量程的电阻测量电路。

DT9205A 的电阻测量电路具有 6 个量程,电路如图 4-28 所示。这 6 个量程依次为 200 Ω、2 kΩ、20 kΩ、200 kΩ、2 MΩ、20 MΩ。为降低测试电压并减少测试电流,+2.8 V 基准电压 E_0 经过 R_{64}、VD_{15} 分压,获得约 +0.65 V 的测试电压(即电阻挡的开路电压)。$R_{22} \sim R_{26}$ 为标准电阻,R_X 为被测电阻,S_{2a} 为量程开关。现将 S_{2a} 拨到 20 MΩ 挡,并省略了小数点转换及驱动电路。

保护电路由正温度系数热敏电阻 PTC(R_t,500 Ω)、晶体管 VT_3(9013)以及 R_{08}、R_{09} 构成。VT_3 的集电极与基极短接,利用其发射结反向击穿电压(约 6 V)代替稳压管做过电压保护。PTC 热敏电阻可限制 VT_3 的反向电流,防止电流过大而损坏 VT_3。R_{09} 为 U_{REF-} 端的限

流电阻。一旦误用电阻挡去测量市电,220 V 交流电便经过 PTC→VT$_3$→COM(模拟地),将 VT$_3$ 的发射结反向击穿,电压被钳位于 6V 左右,可保护 ICL7106 不被损坏。与此同时,PTC 的阻值急剧增大,从而限制了 VT$_3$ 的反向击穿电流,使其不超过允许范围。需要指出,上述 击穿属于软击穿,一旦撤去 220 V 交流输入电压,VT$_3$ 又恢复正常状态。

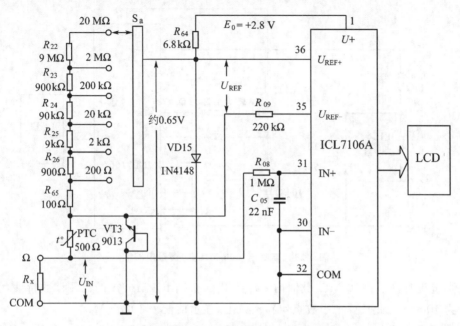

图 4-28　具有 6 个量程的电阻测量电路

2)测量高阻的电路

采用比例法只能测量 20 MΩ 以下的电阻,这是因为当被测电阻 R_X>20 MΩ 时,随着仪 表输入电阻的提高,模拟输入端很容易引入外界干扰,使仪表严重跳数而无法测量。此外, 用比例法测高阻时要等待较长时间才能使读数趋于稳定,使测量时间大为延长。因此, 200 MΩ 高阻挡的测量电路,必须突破用比例法测量电阻时的电路方案。

① 高阻挡的测量原理。

高阻挡的测量电路如图 4-29 所示。其设计思想是将被测电阻 R_X 与基准电压的电路相 串联,使 U_{REF} 值随 R_X 的变化而变化;ICL7106A 的输入端则接一固定电压 U_{IN}。这样,从 R_X 上引入的干扰就加不到模拟输入端,从而避免了仪表的跳数现象。保护电路由正温度系数 热敏电阻(PTC)和晶体管(VT$_3$)等构成。由图 4-29 可见,ICL7106A 内部的 2.8 V 基准电 压源 E_0,经过 R_{20}、PTC(其电阻值为 R_t)和 R_X 之后接模拟地 COM,并以 R_{20} 上的压降作为基 准电压。由于被测电阻 R_X 为高阻,有 $R_X \gg R_{20} + R_t$。因此,基准电压为

$$U_{REF} = \frac{R_{20}}{R_{20} + R_t + R_X} \cdot E_0 \approx \frac{R_{20}}{R_X} \cdot E_0$$

另外,由 R_{49} 和 R_{50} 组成固定式分压器,以 R_{50} 上的压降作为 ICL7106A 的输入电压 U_{IN}, 现有 $R_{50} = 10$ kΩ、$R_{49} = 990$ kΩ、$E_0 = +2.8$ V,则输入电压 U_{IN} 为

$$U_{IN} = \frac{R_{50}}{R_{49} + R_{50}} \cdot E_0 = \frac{10 \text{ kΩ}}{990 \text{ kΩ} + 10 \text{ kΩ}} \cdot E_0 = 0.01 E_0 = 28 \text{ mV}$$

所以有

$$\frac{R_{REF}}{R_{IN}} = \frac{R_{20}}{R_X} \cdot \frac{R_{49} + R_{50}}{R_{50}}$$

则

$$R_{\mathrm{X}}=\frac{R_{20}(R_{49}+R_{50})}{R_{50}}\cdot\frac{R_{\mathrm{IN}}}{R_{\mathrm{REF}}}=\frac{1\text{ M}\Omega(990\text{ k}\Omega+10\text{ k}\Omega)}{10\text{ k}\Omega}\cdot\frac{R_{\mathrm{IN}}}{R_{\mathrm{REF}}}=100\text{ M}\Omega\times\frac{R_{\mathrm{IN}}}{R_{\mathrm{REF}}}$$

这就是 200 MΩ 高阻挡的测量原理。

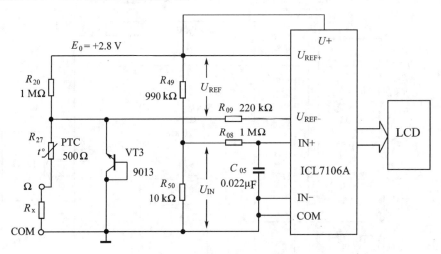

图 4-29　高阻挡（200 MΩ 挡）测量电路

在半量程时，$R_{\mathrm{X}}=100$ MΩ，此时有 $U_{\mathrm{REF}}=U_{\mathrm{IN}}$，根据 ICL7106A 的比例读数特性，仪表显示值应为 1000。因此只要把小数点定在十位上，显示值便为 100.0 MΩ。

在满量程时，$R_{\mathrm{X}}=200$ MΩ，此时有 $U_{\mathrm{REF}}=U_{\mathrm{IN}}/2=28$ mV/2＝14 mV。因 U_{REF} 值减小一半，相当于把 U_{IN} 提高了一倍，故仪表溢出。因此该挡只能测量 200 MΩ 以下的高阻。但若将 R_{20} 的阻值改为 10 MΩ，则该电阻挡可成为 2000 MΩ 超高阻测量挡。

② 高阻挡的误差分析。

a. 零点误差。当 $R_{\mathrm{X}}=0$ 时，因常温下 $R_{20}\gg R_{\mathrm{t}}$，故 $U_{\mathrm{REF}}=E_0$，而 $U_{\mathrm{IN}}=0.01E_0$。根据公式 $R_{\mathrm{X}}=100$ MΩ $\times R_{\mathrm{IN}}/R_{\mathrm{REF}}=100$ MΩ $\times U_{\mathrm{IN}}/U_{\mathrm{REF}}$ 得到 $R_{\mathrm{X}}=1$ MΩ。鉴于 200 MΩ 挡最大显示值为 199.9 MΩ，所以 1 MΩ 的电阻值就折合 10 个字。这表明对 3 1/2 位数字欧姆表而言，该挡存在 10 个字的固有零点误差，测量值需减去 1 MΩ 才为实际值。对于 4 1/2 位数字欧姆表，1 MΩ 折合 100 个字，就存在 100 个字的零点误差。

b. 测量误差。3 1/2 位、4 1/2 位仪表的 200 MΩ 高阻挡测量误差分别为 ±（5%U_{X}＋10 个字），±5%[（U_{X}－100 个字）＋10 个字]。为减小分压器误差，R_{49} 和 R_{50} 应选用误差为 ±0.5% 的金属膜电阻。需要指出，当 $R_{\mathrm{X}}<20$ MΩ 时，应改用 20 MΩ 电阻挡测量，因为 R_{X} 阻值较低，$R_{\mathrm{X}}\gg R_{20}+R_{\mathrm{t}}$ 的条件不再成立，必须对 R_{X} 的计算式进行修正。此外，200 MΩ 高阻挡的准确度指标要低于常规电阻挡，后者为 ±0.5% ～±1%。

5. 测量电容的电路

传统的数字仪表采用脉宽调制法测量电容，其缺点是电路本身不能自动调零，每次测量之前都需要手动调零，从而延长了测量时间。采用容抗法可圆满解决上述问题，实现电容挡的自动调零。

1）容抗法测量电容的原理

首先用 400 Hz 正弦波信号将被测电容量 C_{X} 变成容抗 X_{C}，然后进行 C/U 转换，把 X_{C} 转换成交流信号电压，再经过 AC/DC 转换器取出平均值电压 U_{o}，送至 3 1/2 位 A/D 转换器。

由于 U_o 与 C_X 成正比,只要适当调节电路参数,即可直接读出电容量。容抗法测量电容的优点是能自动调零,缩短了测量时间。

测量电容的原理框图如图 4-30 所示,该电路由 400 Hz 的 RC 文氏桥振荡器、缓冲放大与电压调节(用于调节 u_i 的大小,进行容量校正)、C/U 变换与量程切换、400 Hz 二阶有源带通滤波器、交流/直流(AC/DC)转换器、数字电压表(DVM)所组成。

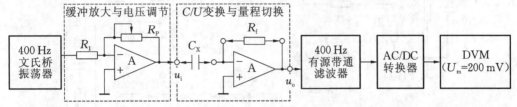

C/U 变换:$u_o = -\dfrac{R_f}{X_C} u_i = -2\pi f R_f C_X u_i \propto C_X$ 即 u_o 与 C_X 成正比(u_i 为幅度 40 mV、频率 400 Hz 的正弦波)

图 4-30　测量电容的原理框图

C/U 变换采用容抗法,是用 400 Hz 的正弦信号 u_i 加在运放的输入端,以被测电容器的容抗($X_C = 1/2\pi f C_X$)作为运算放大器的输入阻抗,因此运放的增益为 $A_{uf} = -R_f/X_C$,运放的输出电压为 $u_o = A_{uf} u_i = -2\pi f R_f C_X u_i$,当 u_i 的频率为 400 Hz、幅度为 40 mV(有效值)时,运放输出电压 u_o 的有效值 $U_o \approx 100 R_f C_X$,即输出电压 u_o 的幅度与被测电容的容量 C_X 成正比。若选取 2000 pF 为电容器的最小测量挡位,当 C_X 为 2000 pF 时,取 R_f 为 1 MΩ,则 u_o 的有效值为 200 mV。这个电压经 400 Hz 带通滤波器滤除干扰,并经交流/直流转换器取出平均值电压($\overline{U_o} = 200$ mV),送到 200 mV 的数字电压表(DVM)中,再经 A/D 变换和显示译码与驱动,最后由 LCD 显示满量程数值(显示 1999 pF 或 2.00 nF)。

对于电容测量的量程切换,若电容器的容量增加了 10 倍(C_X 为 20 nF),只要通过量程切换开关将运放的反馈电阻 R_f 减少 90%(阻值切换为 100 kΩ),则 C/U 变换的关系式 $U_o \approx 100 R_f C_X$ 的值不会变化,LCD 显示的七段码也不会改变,此时的 LCD 指示值,只要在量程切换时通过小数点指示电路将 LCD 显示的小数点向右移 1 位(变为 20.0 nF)即可。

综上所述,测量电容量的过程可归纳为:RC 文氏桥振荡器→C/U 转换器→AC/DC 转换器→A/D 转换器。

2)具有多个量程的电容测量电路

电容测量电路如图 4-31 所示,5 个量程分别为 2 nF、20 nF、200 nF、2 μF、20 μF,测量准确度为 ±2.5%。电路由 IC4 组成,选用四运放 LM324(IC4A、IC4B、IC4C、IC4D)。其中 IC4B 和 R_{56}、C_{14}、R_{51}、C_{15} 构成 RC 文氏桥正弦振荡器。振荡频率为

$$f = \frac{1}{2\pi \sqrt{R_1 R_2 C_1 C_2}}$$

取 $R_{56} = R_{51} = 39.2$ kΩ,$C_{14} = C_{15} = 0.01$ μF,可得到 $f \approx 400$ Hz,输出波形为正弦波。IC4C 是缓冲放大器,R_{P3} 为电容表的校准电位器,调节 R_{P3} 可使加到被测电容 C_X 上的电压为 40 mV 左右。

IC4D 为电压放大器,并由该放大器进行 C/U 变换和量程切换。其特点是负反馈电阻($R_{44} \sim R_{48}$)的阻值依电容的量程而定,并且以被测电容的容抗 X_C 作为运放的输入电阻。IC4D 的电压增益与 X_C 成反比,输出电压则与 C_X 成正比,从而实现了 C/U 转换。

由 IC4A、$R_{57} \sim R_{59}$、C_{16} 和 C_{17} 构成二阶有源带通滤波器 BPF,其中心频率

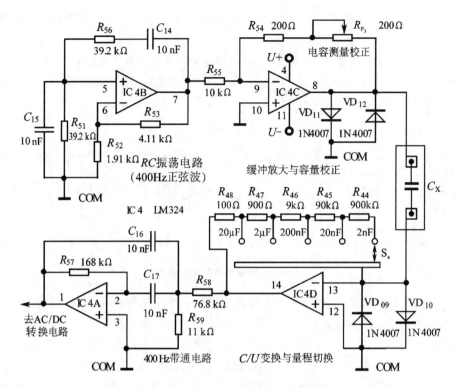

图 4-31　具有 5 个量程的电容测量电路

$$f_0 = \frac{1}{2\pi C_{16}} \sqrt{\frac{1}{R_{57}}\left(\frac{1}{R_{58}}+\frac{1}{R_{59}}\right)}$$

取 $C_{16}=0.01\ \mu F$、$R_{57}=168\ k\Omega$、$R_{58}=76.8\ k\Omega$、$R_{59}=11\ k\Omega$，则得到 BPF 的中心频率为 $f_0\approx400\ Hz$。当然，也可以将该有源带通滤波器看成由有源 LPF 和有源 HPF 组合而成：并联电阻 R_{58} 和 R_{59} 与电容 C_{16} 组成低通电路，其上限截止频率 $f_L=1/[2\pi(R_{58}//R_{59})C_{16}]\approx1.6\ kHz$；电容 C_{17} 与电阻 R_{57} 组成高通电路，其下限截止频率 $f_H=1/(2\pi R_{57}C_{17})\approx100\ Hz$。在 f_H 与 f_L 之间形成了一个带通，从而构成带通滤波电路 BPF。带通滤波器的中心频率位于 f_H 与 f_L 各自的 4 倍频处，即 $f_0=400\ Hz$。有源带通滤波器 BPF 只让 400 Hz 信号通过，能滤除其他频率的杂波干扰，使 IC4A 的输出电压为 400 Hz 的正弦波，再经过交流-直流（AC/DC）转换器获得直流电压的平均值 U_O，送至 DVM 进行"模拟-数字"转换。

需要指出，$R_{44}\sim R_{48}$ 为 IC4D 的负反馈电阻 R_f，但 R_f 值依量程而定。例如在 2 nF 挡，$R_{f1}=R_{44}+R_{45}+R_{46}+R_{47}+R_{48}=1\ M\Omega$；而在 20 nF 挡，$R_{f2}=R_{45}+R_{46}+R_{47}+R_{48}=100\ k\Omega$，即 $R_{f2}/R_{f1}=1/10$。其余电容挡依次类推。这是因为当 C_X 增加到 10 倍（从 2 nF 增至 20 nF）时，必须将 R_f 值减小到原来的 1/10，才能保证电容挡的总增益不变，使 A/D 转换器始终工作在 200 mV 基本量程（对应于 2 nF 基本电容挡）。这样既实现了电容量程的扩展，又简化了电路设计。电路中的电位器 R_{P3} 仅供校准用，一经调好就不再变动。$VD_{09}\sim VD_{12}$ 为过电压保护二极管，防止因误测带电的电容器而损坏仪表。

6. 检测二极管和三极管的电路

利用数字万用表可以测量二极管的正向压降 U_F 和三极管的共发射极电流放大系数 h_{FE}。

1）测量二极管正向压降 U_F 的电路

二极管测量电路如图 4-32 所示。其工作原理是首先把被测二极管的 U_F 值转换成直流电压,然后由 200 mV 数字电压表测量并显示出来。

+2.8 V 基准电压源经过 R_{36}、VD_{07}、R_{35} 向被测二极管 VD 提供大约 1 mA 的工作电流。二极管正向压降 U_F 为 0.55~0.7 V(硅管)或 0.15~0.3 V(锗管),需经过 R_{34}、R_{37} 分压后衰减到原来的 1/10,才能送至 200 mV 的数字电压表,最终显示出 U_F 值。此时 $U_{IN}=0.1U_F$。由于 $I_F\approx1$ mA,故仅适合测量小功率二极管的正向压降。

由 VD_{07}、VD_{08} 和 R_{35} 构成二极管测量挡的保护电路。假如不慎误用该电路去测 220V 交流电压,正半周时 VD_{07} 反向偏置而截止,电路不通,不会影响 ICL7106A 的 1 脚供电电压。负半周时电流通过 COM→VD_{08}→VD_{07}→R_{35} 形成回路,从而保护仪表不受损坏。限流电阻 R_{35} 选用 600~900 Ω 的热敏电阻,随着电流的增加,其阻值急剧增加,可保证回路电流 $I\approx$ 220 V/R_{35} 不致过大,达到保护目的。VD_{07} 和 VD_{08} 采用耐压 400 V 以上的 1N4007 型硅整流管。分压电阻 R_{34} 与 R_{37} 宜选用误差为 ±1% 的金属膜电阻。

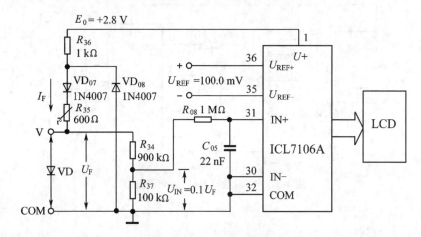

图 4-32 二极管正向导通电压测量电路

2)测量三极管 h_{FE} 的电路

三极管电流放大系数 h_{FE} 等于集电极电流 I_C 与基极电流 I_B 之比,即 $h_{FE}=I_C/I_B$。

测量三极管 h_{FE} 的电路如图 4-33 所示,测量范围是 0~1000(倍)。图 4-33(a)为 NPN 管的 h_{FE} 测量电路,R_{42} 为三极管的 B 极偏置电阻,可提供约 10 μA 的基极电流,即 $I_B\approx(2.8$ V- 0.6 V)/220 kΩ=10 μA。I_B 通过晶体三极管放大后得到发射极电流 I_E,I_E 在取样电阻 R_{41} 上形成压降,该电压作为数字电压表的输入电压 U_{IN}。因为 $I_E\approx I_C$,故 $U_{IN}=I_ER_{41}=I_CR_{41}=h_{FE}I_B$ R_{41},代入 $I_B=10$ μA,$R_{41}=10$ Ω,得到 $U_{IN}=0.1h_{FE}$(mV),即 $h_{FE}=10U_{IN}$。显然,选择200 mV 数字电压表,将 U_{IN} 的单位取 0.1 mV,再令小数点消隐后即可直接读出 h_{FE} 值。由于 E_0 可提供的电流有限,规定 $I_C\leqslant10$ mA,所以 h_{FE} 的测量范围为 0~1000。

对于 PNP 管的 h_{FE} 测量电路,需改变 E_0 的极性,并将 R_B 移至集电极电路中,如图 4-33 (b)所示。

带 h_{FE} 插口的测量电路如图 4-34 所示,其特点是利用一个 8 芯 h_{FE} 插座来分别测量 PNP、NPN 管的 h_{FE}。基极偏置电路由固定电阻 R_{42} 或 R_{43} 组成。R_{41} 为取样电阻。为便于插入被测管,h_{FE} 插座上有 4 个 E 孔,每侧 2 个 E 孔在内部连通,可任选其中的 1 个。

7. 自动关机及蜂鸣器电路

给数字万用表增加自动关机电路,可避免因忘记关断电源而长时间空耗电池,从而延长电池的使用寿命。蜂鸣器电路能配合数字万用表的二极管测试挡检查线路的通断。

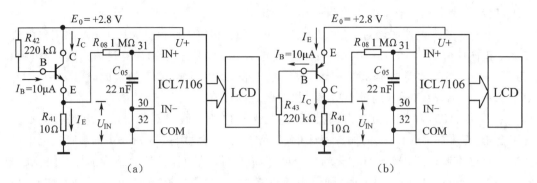

图 4-33　晶体管电流放大系数 h_{FE} 测量电路

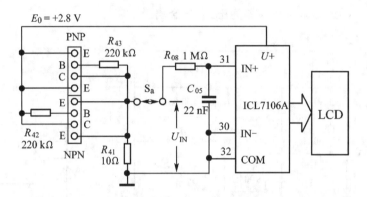

图 4-34　带 8 芯 h_{FE} 插口的测量电路

1）自动关机电路

自动关机电路的特点是当仪表停止使用一段时间（例如 14 min）之后，能自动切断电源，使仪表进入微功耗的备用模式，亦称休眠模式（sleep mode）。重新启动时只需要按动两次电源按钮开关，即可恢复正常测量。

数字万用表的自动关机电路如图 4-35 所示，由 9 V 叠层电池 E、电源开关 S_2、电解电容器 C_{01}、电阻 R_{05}、电压比较器（IC2A，LM358）、NPN 型晶体管 VT_2（9014）、PNP 型晶体管 VT_1（9015）等组成。其中，R_{05} 和 C_{01} 起定时作用，VT_2 为推动管，VT_1 起开关作用。二极管 VD_{01} 用来提高 VT_2 的发射极电位，VD_{02} 为隔离二极管。

当电源开关 S_2 拨至"OFF"（关断）位置时，仪表内部的 9 V 叠层电池 E 向 C_{01} 充电，使 $U_{C01} = E$。当 S_2 拨至"ON"（接通）位置时，C_{01} 的正极经过开关接到 LM358 的第 3 脚，电池 E 的正极则经过开关加至 VT_1 的发射极，令 LM358 的同相与反相输入端电压依次为 $U_③$、$U_②$。初始状态下，$U_③ = E = 9$ V，$U_② = E \cdot R_{01}/(R_{01} + R_{03}) = 1.6$ V。因 $U_③ > U_②$，故 LM358 的 1 脚输出高电平，使 VT_2 和 VT_1 导通，由 VT_1 将 ICL7106 芯片的电源 $U+$ 接通。

随着 C_{01} 不断向 R_{05} 放电，$U_③$ 逐渐下降，当 $U_③ < 1.6$ V 时，比较器翻转，1 脚输出为低电平，使 VT_2 和 VT_1 截止，整机电路的供电 $U+$ 被切断，仪表停止工作。

设自动关机电路的每次供电时间为 t，根据电容放电电路的公式

$$U_{C01}(t) = E \cdot e^{-\frac{t}{R_{05}C_{01}}}$$

可得

$$t = R_{05}C_{01}\ln\frac{E}{U_{C01}(t)}$$

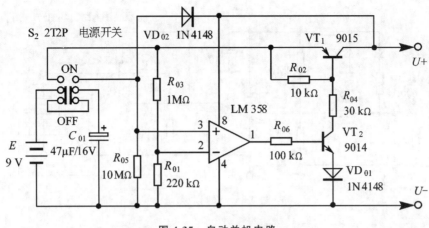

图 4-35　自动关机电路

将 $R_{05}=10\ \text{M}\Omega=10^7\ \Omega$，$C_{01}=47\ \mu\text{F}=4.7\times10^{-5}\ \text{F}$，$E=9\ \text{V}$，$U_{C01}(t)=U_{②}=1.6\ \text{V}$ 代入上式，得到自动关机的供电时间为 $t=812\ \text{s}\approx14\ \text{min}$。

改变 C_{01} 的容量，即可改变 t 值。在自动关机之后，仪表进入微功耗模式，静态电流 $I=E/(R_{01}+R_{03})=7.4\ \mu\text{A}$。

当数字万用表的电池 $E=9.0\ \text{V}$ 时，图 4-36 中各工作点与电源负端之间的典型电压值见表 4-12。

表 4-12　各工作点与电源负端之间的典型电压值

各级工作点	VT_1 的 E 极	VT_1 的 B 极	VT_1 的 C 极	VT_2 的 B 极	VT_2 的 C 极	IC2A ③脚	IC2A ②脚	IC2A ①脚
正常工作点电压值/V	9.0	8.26	8.9	1.24	0.66	9.0	1.6	7.6
自动关机状态的电压值/V	9.0	8.31	1.22	0.56	8.34	1.48	≤1.6	0.54

2）蜂鸣器电路

蜂鸣器电路是利用数字万用表的二极管测试挡来检测线路通断的。其优点是操作者不必观察显示值，只需注视被测线路和表笔，凭蜂鸣器有无声音来判断线路的通断，不仅操作简便，而且能大大缩短检测时间。

蜂鸣器电路如图 4-36 所示。运放 IC3B(1/2 LM358)为比较器，其同相输入端（第 5 脚）接参考电压 $U_{⑤}=2.8\times30/2030=0.041\ \text{V}=41\ \text{mV}$。比较器的反相输入端（第 6 脚）电压为 $U_{⑥}$，当 $R_X\to\infty$ 时，$U_{⑥}\approx U_+ - U_{COM}=+2.8\ \text{V}$。因 $U_{⑤}<U_{⑥}$，故比较器输出低电平，VT_4 无供电电压，振荡器无法振荡，蜂鸣器不发声。当 $R_X\to0$ 或小于某一阻值（例如 30 Ω），使 $U_{⑥}<41\ \text{mV}$ 时，有 $U_{⑤}>U_{⑥}$，比较器输出高电平，于是 VT_4 得到供电而可以正常工作，由 VT_4 与压电陶瓷三端蜂鸣器 BZ 构成的振荡器开始起振，蜂鸣器发出 4 kHz 左右的声音。R_{15} 是 VT_4 的 B 极偏置电阻，R_{16} 是音频振荡器的正反馈电阻。由三端压电陶瓷蜂鸣器上引出部分反馈电信号，通过 R_{16} 送入 VT_4 的 B 极而构成正反馈，VT_4 对该信号放大后从 C 极输出到三端蜂鸣器，从而保证音频振荡器正常工作。

◆ 五、DT9205A 数字万用表的使用

1. 使用时的注意事项

（1）后盖没有盖好前严禁使用，否则有电击危险。

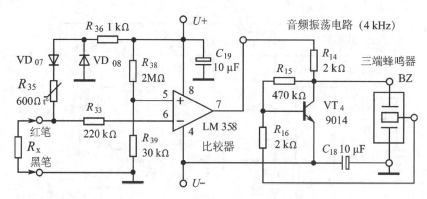

图 4-36　蜂鸣器电路

（2）量程开关应置于正确测量位置。

（3）表笔绝缘层应完好,无破损和断线。

（4）红、黑表笔应插在符合测量要求的插孔内,保证接触良好。

（5）输入信号不允许超过规定的极限值,以防电击和损坏仪表。

（6）严禁量程开关在电压测量或电流测量过程中改变挡位,以防损坏仪表。

（7）必须用相同类型和规格的保险丝更换损坏的保险丝。

（8）为防止电击,测量公共端 COM 和大地之间电位差不得超过 1000 V。

（9）被测电压高于直流 60 V 或交流 30 V 的场合,均应小心谨慎,防止触电。

（10）液晶屏显示电量不足符号时,应及时更换电池,以确保测量精度。

（11）测量完毕应及时切断电源,长期不用时应取出电池。

（12）不要在高温、高湿环境中使用,尤其不要在潮湿环境中存放,受潮后仪表性能可能变劣。

（13）请勿随意改变仪表线路,以免损坏仪表和危及安全。

（14）维护时,请使用湿布和温和的清洁剂清洗外壳,不要使用研磨剂或溶剂。

2. DT9205A 数字万用表使用方法

使用前,应认真阅读 DT9205A 数字万用表的使用说明书,熟悉电源开关、量程开关、插孔、特殊插口的作用。

只有当电池的电量正常时,才能保证数字万用表测量结果的准确性。如果在接通电源开关时,显示器上有低电压符号"⊏⊐"显示,则说明电池的电量不足,需要更换电池;如果显示器没有低电压符号"⊏⊐"显示,则说明电池的电量正常。

使用过程中要特别注意,在每次测试之前,应将功能开关置于所需要的挡位与量程上。

DT9205A 数字万用表的具体使用方法如下:

1）交流/直流电压测量

（1）将黑表笔插入"COM"插孔,红表笔插入"V/Ω"插孔。

（2）将量程开关转至 DCV 挡位或 ACV 挡位的相应量程上。

（3）将仪表的两个测试表笔接入被测电路的两点,被测电压值及红色表笔点的电压极性将同时显示在屏幕上。

注意：

（1）如果事先对被测电压范围没有概念，应先将量程开关转到最高挡位，然后根据显示值转至相应挡位。

（2）改变量程时，表笔应与被测点断开。

（3）未测量时，小电压挡有残留数字属正常现象，不影响测试，如测量时高位显示"1"，表明已超过量程范围，须将量程开关转至较高挡位。

（4）测量交流电路时请选择挡位 ACV，直流电路请选择 DCV。

输入电压：直流电压切勿超过 1000 V，交流电压切勿超过有效值 750 V（最大值约 1000 V）。如超过，则有损坏仪表线路的危险。

（5）测量电压过程中，注意避免身体的任何部位触及高压电路。

（6）不允许用电阻挡和电流挡测电压。

（7）不测量时，应关闭电源开关。

2）交流/直流电流测量

（1）将黑表笔插入"COM"插孔，红表笔插入"mA"插孔（最大可测 200 mA），或红表笔插入"20 A"插孔（最大可测 20 A）。

（2）将量程开关转至 DCA 挡位或 ACA 挡位的相应量程上。

（3）将仪表的测试表笔串入被测电路中，被测电流值及红色表笔点的电流极性将同时显示在屏幕上。

注意：

（1）如果使用前不知道被测电流范围，将功能开关置于最大量程并逐渐降低。

（2）如果显示器只显示"1"，表示过量程，功能开关应置于更高量程。

（3）插孔"mA"的最大输入电流不应超过 200 mA，过量的电流将烧坏保险丝；20A 量程无保险丝保护，测量时不能超过 15 秒。

3）电阻测量

（1）将黑表笔插入"COM"插孔，红表笔插入"V/Ω"插孔。

（2）将功能开关转至相应的电阻量程上。

（3）将两表笔跨接在被测电阻上，则电阻值显示于显示屏上。

注意：

（1）如果电阻值超过所选的量程，则显示屏会显示"1"，这时应将开关转高一挡。当测量电阻值超过 1 MΩ 时，读数需几秒时间才能稳定，这在测量高电阻值时是正常的。

（2）当输入端开路时，则显示过载情形"1"。

（3）测量在线电阻时，要确认被测电路所有电源已切断且所有电容都已完全放电时才可进行；被测线路中，如有电源和储能元件，会影响线路阻抗测试正确性。

（4）万用表的 200 MΩ 挡位，短路时有 10 个字，测量 1 个电阻时，应从测量读数中减去这 10 个字。如测 1 个电阻时，显示为 101.0，应从 101.0 中减去 10 个字，被测元件的实际阻值为 100.0 即 100 MΩ。

（5）请勿在电阻量程输入电压。

（6）不测量时，应将电源开关切换为 OFF。

4）电容测试

（1）将功能开关置于电容挡位的相应量程。

（2）将电容器插入电容测试座中,则显示屏上显示电容值。

> **注意：**
>
> （1）仪器本身已对电容挡设置了保护措施,故在电容测试过程中不用考虑电容的极性及充放电等情况。
>
> （2）测量电容时,将电容插入专用的电容测试座中,不要插入表笔插孔中。
>
> （3）测量大电容时稳定读数需要一定的时间。
>
> （4）连接待测电容之前,注意每次转换量程时,复零需要时间,有漂移读数存在不会影响测试精度。

5）二极管测试及电路通断测试

（1）将黑表笔插入"COM"插孔,红表笔插入"V/Ω"插孔,红表笔的极性为"＋"。

（2）将功能开关置于"二极管"测试挡,并将2只表笔连接到待测二极管上。

（3）当红表笔接二极管正极,黑表笔接二极管负极时,显示屏读数为二极管正向压降（mV）的近似值。

（4）将表笔连接到待测线路的两点,如果内置蜂鸣器发声,则表示两点之间的电阻值小于（50±20）Ω。

6）晶体管电流放大倍数（h_{FE}）测试

（1）将功能开关置于 h_{FE} 量程。

（2）确定晶体管是 NPN 或 PNP 型,将基极 B、发射极 E 和集电极 C 分别插入面板上相应的插孔。

（3）显示器上将显示 h_{FE} 的近似值。测试条件：数字万用表提供的基极电流 $I_B \approx 10\ \mu A$,集电极到发射极电压为 $U_{CE} \approx 2.8\ V$。

7）自动电源切断使用说明

（1）仪表设有自动电源切断电路,当仪表工作时间达 14 min 左右时,电源将自动切断,仪表进入睡眠状态,这时仪表约消耗 7 μA 的电流。

（2）仪表电源切断后若要重新开启电源,应重复按动电源开关两次。

3. 数字万用表的维护与保养

数字万用表是一种精密电子仪器,不要随意更换线路,并注意以下几点：

（1）注意防水、防尘、防摔。

（2）不宜在高温、高湿、易燃和强磁场的环境中存放、使用仪表。

（3）清洁仪表外壳时,应使用湿布和温和的清洁剂,不要使用研磨剂或酒精等烈性溶剂。

（4）如果长时间不使用,应取出电池,防止电池漏液而腐蚀仪表。

（5）在电池没有装好或后盖没有上紧时,不要使用仪表。

（6）使用时不要接高于 1000 V 的直流电压或高于 750 V 有效值的交流电压。

（7）不要在功能开关处于"Ω"和"A"位置时,将电压源接入。

（8）只有在测试表笔移开并切断电源以后,才能更换电池或保险丝。

任务评价

◆ 一、装配评价方法

评价内容：DT9205A 数字万用表的装调质量与性能测试。

评价目的：检查与测试学生通过 DT9205A 数字万用表的装配与调试的学习，所达到的实践动手能力与技能水平。

评价方法：根据表 4-13 的内容，对每个项目进行评分。

表 4-13　DT9205A 数字万用表装配与调试评分表

项目	元器件检测	元器件安装	电路板焊接	整机装配	调试与测试	问题与处理	总分
分值	20 分	20 分	20 分	20 分	20 分	（调节分）	100 分
得分							

各项评价内容的具体要求如下。

（1）元器件检测要求：

① 能够掌握 RLC 数字电桥、晶体管特性测试仪等元器件参数的测量仪器与仪表的使用方法，元器件参数的测试方法正确，能够保证测试结果的准确性。

② 有完整且正常的元器件参数的测试结果记录表。对测试结果不正常的元器件及更换情况有完整的记载。

（2）元器件安装要求：

① 元器件的安装位置无误，安装方向正确，特别是有极性的电解电容、二极管等元器件的安装方向等。

② 接插件的插入方向与安装高度符合要求。各电阻的色环方向及无极性电容的标识方向应一致，并方便识读，各元器件的引脚外形美观、长度合适，无东倒西歪现象。

（3）电路板焊接要求：

① 各焊点焊接牢固，无虚焊、假焊、焊点粘连等现象。

② 各焊点圆润、美观、有光泽，焊点的大小均匀、合适。特别是表笔插座、晶体管插座、电容插座、保险丝管座、屏蔽弹簧、按键开关等焊接难度较大的器件的焊接质量应得到保证。

（4）整机装配要求：

① 转盘挡位开关总成的安装正确无误。各零部件之间配合适当，开关旋钮转动灵活，无摩擦、卡死等现象。

② 液晶屏总成的安装正确无误。导电胶条与印制板及电缆带接触良好、配合紧密，液晶屏显示正常、无断笔段现象。

③ 线路板与前面盖安装到位,配合适当,螺丝拧力合适。特别是电源开关与保持开关的按钮位置、转盘开关位置、4 只表笔插座的位置、电容插座位置、晶体管插座位置均应在前面盖相应位置的正中,保证仪表的美观,便于使用。

(5) 电路调试与性能测试要求:

① 有完整的电路调试过程与调试结果记录表。对电路中 3 只电位器的调试顺序、调试内容、调试结果进行记录。

② 对数字万用表的主要性能进行测试。

字符显示测试:直接按下电源开关,观察字符显示情况。

直流电压挡测试:可测量 9 V 电池、1.5 V 电池,或直流电源的输出。

交流电压测试:可测量信号发生器的输出,或直接测量 220 V 交流电源。

电阻挡测试:可利用 DT9205A 数字万用表套件中的精密电阻进行测试,如选用 100 Ω、1 kΩ、10 kΩ、100 kΩ、1 MΩ 的电阻等,进行各挡位的测量值检查。

电容挡测试:可仿照电阻挡的测试方法,利用 DT9205A 数字万用表套件中的电容进行测试。

二极管挡测试:测试二极管的正向导通电压是否为正常值;测试 30 Ω 以下电阻时,蜂鸣器是否鸣响。

三极管挡测试:测试三极管的电流放大倍数是否为正常值。

(6) 问题与处理。

对所装配与调试的仪表是否存在问题及故障排除情况进行记载。此项目的评价得分只作为总分的调节分。

◆ 二、DT9205A 数字万用表装调实训报告

可以针对安装与调试的过程、收获与体会撰写实训报告,也可针对 DT9205A 数字万用表的理论知识进行撰写,具体应包括如下内容:

(1) 数字万用表的结构组成。

(2) 数字万用表的工作原理(双积分式 ADC、定时积分与定压积分过程、显示译码与驱动等)。

(3) ICL7106 内部功能与引脚功能。

(4) 液晶显示屏接口电路。

(5) 自动关机与蜂鸣器电路原理。

(6) 直流与交流电压测量电路与原理。

(7) 直流与交流电流测量电路与原理。

(8) 电阻测量方法与电路原理。

(9) 电容测量方法与电路原理。

(10) 二极管与三极管的测量方法与电路原理。

(11) AC/DC 线性变换电路的结构与原理。

(12) 数字万用表功能扩展的方法与原理(如频率测量、电感测量、温度测量等)。

知识拓展

通过查阅相关书籍与资料,了解有关数字万用表的知识,如数字万用表的使用方法、数字万用表的检测方法与应用、数字万用表的电路分析与功能扩展、数字化测量技术、数字万用表电路图集、新型数字万用表的原理与维修等。

下面举几个数字万用表功能扩展电路的例子来说明其应用。

◆ 一、利用数字万用表测量频率的电路

利用频率/电压(f/U)转换器配接数字电压表,可以测量频率,测量电路如图 4-37 所示。测量范围是 10 Hz~20 kHz,测量准确度可达 ±1%,被测频率信号有效值为 50 mV~10 V。

其测量原理是:首先利用 f/U 转换器把被测频率信号转换成直流电压,然后经 A/D 转换器转换成 7 段码并驱动 LCD 显示结果。

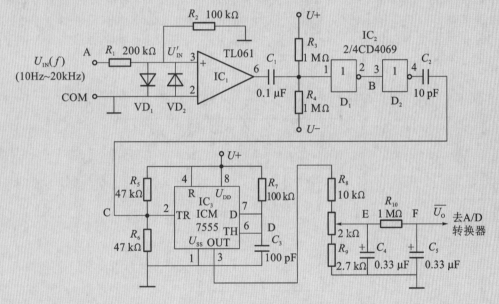

图 4-37   测量频率的电路

频率/电压转换电路主要包括运算放大器 TL061(IC_1)、CMOS 六反相器 CD4069(IC_2,仅用反相器 D_1、D_2)、CMOS 定时器 ICM7555(IC_3),再配以 3 1/2 位或 4 1/2 位 A/D 转换器。其中,IC_1 作为电压放大器,IC_2 起整形与缓冲的作用,IC_3 构成 f/U 转换器。配 3 1/2 位、4 1/2 位 A/D 转换器时,分辨力分别为 10 Hz、1 Hz。输入频率信号 U_{IN} 经限流电阻 R_1 加至 IC_1 的同相输入端,利用 IC_1 做开环电压放大。VD_1 和 VD_2 为输入级双向限幅二极管,可将 U'_{IN} 限制在 0.7 V 左右,起保护作用。C_1 为隔直电容。R_3 和 R_4 是偏置电阻,可将反相器 D_1 的工作点偏置在电源电压的中点:$(U_+ - U_-)/2 = 9/2 \approx 4.5V$。$D_1$、$D_2$ 起整形作用,使放大后的信号变成沿口陡峭的矩形脉冲,以便于进行 f/U 转换。D_2 的输出信号经 C_2 耦合

到 ICM7555 的第 2 脚。R_5、R_6 也是偏置电阻，因 IC_3 的电源取自 ICL7106 的 U_+ 与 COM 之间，故其第 2 脚的工作点是 $(U_+ - U_{COM})/2 = E/2 = 1.4$ V。考虑到经多级放大整形后频率信号的沿口很陡，耦合电容 C_2 仅为 10 pF，目的是减小时间常数，若 C_2 的容量过大，则读数趋于稳定的时间将大为延长。为保证 f/U 转换能持续进行，ICM7555 的复位端接 U_+，使电路总不复位。控制电压端（第 5 脚）悬空不用。R_7 为定时电阻，C_3 是定时电容。ICM7555在这里作为单稳态触发器使用，触发脉冲为低电平有效。ICM7555 内含两个比较器和一个 RS 触发器。当第 2 脚输入电平从负向跳变到 $U_+/3$ 时，RS 触发器翻转，OUT＝1，此时U_+ 通过 R_7 对 C_3 充电。当 $U_{C3} = 2U_+/3$ 时，RS 触发器再次翻转，OUT＝1，这样每触发一次第2 脚，就从第 3 脚输出一个正向脉冲。设高电平脉冲宽度为 $t(s)$，有公式

$$t_1 = -R_7 C_3 \ln 1/3 = 1.1 R_7 C_7$$

从第 3 脚输出的脉冲序列通过 R_8、R_P 和 R_9 分压，再经过 C_4、R_{10}、C_5 滤波，获得平均电压。因 t 是固定的，故触发频率 f 愈高，在单位时间内产生的脉冲数也愈多，由此获得的平均电压 $\overline{U}_O$ 愈大。这表明 $\overline{U}_O$ 与 f 严格成正比，这就是利用 ICM7555 实现 f/U 转换的原理。R_P 为校准电位器，调整它可使仪表直接显示频率值。用该仪表实测 XFD-6 型低频信号发生器输出的 800 Hz、0.9 V(RMS)正弦波信号，显示值为 80。因频率表的 1 个字代表10 Hz，故显示值 $N = 80$ 即表示输入频率 $f = 800$ Hz。利用示波器观察图 4-38 频率测量电路中各工作点的波形，如图 4-38 所示。

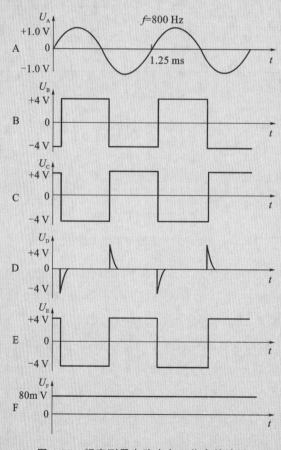

图 4-38　频率测量电路中各工作点的波形

应用该电路时应注意以下事项：

（1）由公式 $t_1 = -R_7 C_3 \ln 1/3 = 1.1 R_7 C_7$ 不难看出，通过改变定时电阻即可调节脉宽 t_1，从而改变 $\overline{U}_O$ 的值。由此可设计成多量程数字频率表。欲设计 20 kHz、200 kHz 两个频率挡，需使用两套定时电阻，各由固定电阻与电位器串联而成，可单独调节。

（2）该数字频率表的特点是将 f/U 转换器与 200 mV 数字电压表配套使用。它与数字频率计有本质区别，后者由数字电路构成，不做 A/D 转换。

（3）VD_1、VD_2 采用 1N4148 硅开关二极管。$R_1 \sim R_6$、R_{10} 选用碳膜电阻，$R_7 \sim R_8$ 使用误差为 $\pm 1\%$ 的金属膜电阻，$C_1 \sim C_3$ 选用瓷片电容，C_4 和 C_5 可用涤纶电容。

（4）上述电路还可配 ICL7129 型 4 1/2 位 A/D 转换器，此时 $U_+ \sim COM$ 之间的电压 $E_0 = +3.2$ V。

二、利用数字万用表测量脉冲占空比的电路

将脉冲占空比检测电路配以数字万用表，就能迅速、准确地测量脉冲占空比。测量占空比的电路如图 4-39 所示。占空比测量范围为 $D = 0\% \sim 100\%$，准确度可达 $\pm 0.2\% \sim \pm 2\%$。输入脉冲幅度范围是 $0.6 \sim 10$ V，频率范围是 20 Hz $\sim$ 1 MHz。

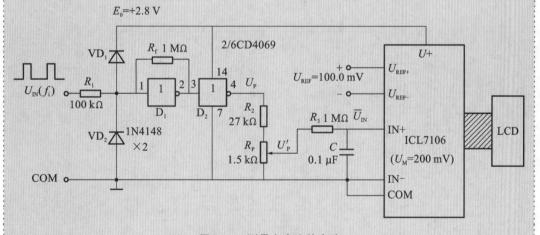

图 4-39　测量占空比的电路

检测电路由输入端保护电路、电压放大器、电阻分压器及校准电路组成，配上由 ICL7106 构成的 200 mV 数字万用表。输入脉冲信号用 $U_{IN}(f_i)$ 表示，其占空比为 $0\% \sim 100\%$ 可调。R_1 是限流电阻，VD_1 和 VD_2 均采用高速硅开关二极管 1N4148，构成双向限幅过电压保护电路。D_1、D_2 均为 CMOS 反相器，可合用一片 CD4069，电源电压取自 ICL7106 内部的 $+2.8$ V 基准电压源 E_0。R_f 可将 D_1 偏置在线性放大区。脉冲信号经 D_1、D_2 放大后，幅度 $U_P \approx 2.8$ V，再经过 R_2 和 R_P 分压，幅度降成 U'_P，其平均值为 $\overline{U}_{IN}$。R_P 是占空比校准电位器，调整 R_P 可使 $U'_P = 100$ mV。U_P、U'_P 的幅值可用示波器或峰值电压表监测。R_3 与 C 构成模拟输入端的高频滤波器。由于 DVM 输入的是脉冲电压，它所反映的就是脉冲平均电压 $\overline{U}_{IN}$，而 $\overline{U}_{IN}$ 与占空比 D 有关，即 $\overline{U}_{IN} = DU'_P$。

根据 ICL7106 的测量原理,显示值应为 $N=1000\overline{U}_{IN}/U_{REF}=1000\overline{U}_{IN}/100.0=10\overline{U}_{IN}$,即 $\overline{U}_{IN}=0.1N$。将 $\overline{U}_{IN}=0.1N$ 代入 $\overline{U}_{IN}=DU'_p$ 中,考虑到 $U'_p=100$ mV,故 $U_{IN}=DU'_p=D\times 100$ mV $=100D$(mV)$=0.1N$,即 $D=0.001N=0.1N$(%)。显然,用 200 mV 数字万用表即可直读脉冲占空比。

在实际测量中,利用 1632 型函数脉冲发生器输出 20 Hz~1 MHz,幅度为 4 V、D 为 $10\%\sim90\%$ 的脉冲波形,由上述占空比测量电路显示占空比,对全部测量数据进行整理分析的结果是,其占空比测量误差一般不超过 $\pm2\%$,完全可满足常规测量的需要。

◆ 三、利用数字万用表测量温度的电路

下面介绍一种利用数字万用表构成新型数字式测温仪表的电路,该测温电路为电桥结构,能对热电偶自动进行温度补偿,它不仅能对冷端温度进行自动补偿,还利用内置硅晶体管发射结(或硅二极管)的负温度系数去补偿 K 型热电偶的正温度系数,全部量程实现了自动温度补偿,并能直接测量室温。

测温电桥的电路如图 4-40 所示。由它构成的数字温度计,电路简单,成本低廉,准确度高,便于调试。其测温准确度可达 $\pm1\%$ 左右,分辨力为 1 ℃。

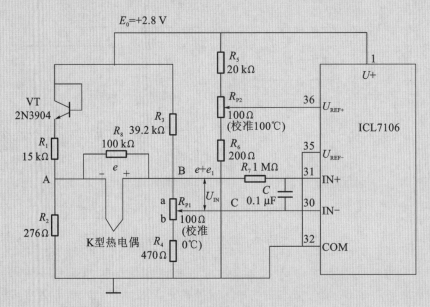

图 4-40　测温电桥的电路

四个桥臂分别由 VT 和 R_1、R_2、R_3 和 R_{P1a}、R_{P1b} 和 R_4 组成。R_{P1} 选用 100 Ω 电位器,这里以 R_{P1a} 和 R_{P1b} 分别表示 a 端至触头、触头至 b 端之间的电阻。VT 选用 2N3904(或 JE9013)型 NPN 晶体管,将其集电结短接后代替二极管,对 K 型热电偶的冷端温度进行补偿,VT 的发射结还起到温度传感器的作用。由 R_1、R_2 组成分压器,其分压比为 $K=R_2/(R_1+R_2)$。

K 型热电偶接在 A、B 两点之间,测温电桥的输出电压就作为 ICL7106 型单片 A/D 转换器的输入电压 U_{IN}。现采用差动输入方式,IN$-$端经桥臂电阻 $(R_{P1a}+R_4)$ 接模拟地。测温电桥的供桥电压取自 ICL7106 内部$+2.8$ V 基准电压源 E_o。K 型热电偶具有正的电压温度系数,$\alpha_{TK}=41.269\ \mu V/℃\approx 40\ \mu V/℃$。假定被测温度 $T=100\ ℃$(热端),室温 $T_A=20\ ℃$(冷端),此时热电势 $e=\alpha_{TK}\cdot(T-T_A)=40\ \mu V/℃\times(100-20)\ ℃=3.2\ mV$。这恰好对应于 $80\ ℃$ 的毫伏值,极性如图 4-41 所示,与热电偶的极性一致。这表明,测量 $100\ ℃$ 温度时仪表仅显示 $80\ ℃$,比实际温度低 $20\ ℃$,而 $20\ ℃$ 就对应于 0.8 mV(准确值是 0.798 mV)。若将 e 视为电源,只要给它串联一个附加 0.8 mV 热电势 e_1,使 $(e+e_1)$ 恰好等于 $100\ ℃$ 所对应的热电势(4.095 mV,近似取 4 mV),则仪表可显示 $100\ ℃$。实际上,只需要把 A 点电位降低 e_1 值,就相当于串入反极性的附加电势 e_1,使 B 点电位提升到 $(e+e_1)$,同样能直接读取温度值。这就是对冷端温度进行补偿的原理。下面介绍具体电路的工作原理。

众所周知,硅晶体管发射结(即 PN 结)的正向导通压降 U_{BE} 与温度 T 成正比,且电压温度系数 α_{TBE} 为负值,通常 $\alpha_{TBE}=-(2.0\sim 2.5)\ mV/℃$。但具体到某只晶体管,$\alpha_{TBE}$ 值为定值。假定 2N3904 的 $\alpha_{TBE}=-2.4\ mV/℃$,现以 A 为参考点,当 $T_A=20\ ℃$ 时,VT 发射结正向电压的变化量 $\Delta U_{BE}=\alpha_{TBE}\cdot T_A=-2.4\ mV/℃\times 20\ ℃=-48\ mV$。$\Delta U_{BE}$ 经过 R_1、R_2 分压,迫使 A 点电位降低。有关系式

$$\Delta U_A=K\Delta U_{BE}=\frac{R_2}{R_1+R_2}\cdot \Delta U_{BE}$$

代入 $R_1=15\ k\Omega$、$R_2=276\ \Omega$、$\Delta U_{BE}\approx -48\ mV$,可得 $\Delta U_A\approx -0.86\ mV$。这正是 K 型热电偶在冷端温度为 $20\ ℃$ 时所需要的补偿电势 e。推而广之,在整个测温范围内上述电路均可对 K 型热电偶的参考端温度进行补偿。

该电路具有以下四个方面的特点:

(1) 利用硅管发射结导通压降的负温度系数去补偿 K 型热电偶的正温度系数。

(2) 鉴于 $|\alpha_{TBE}|\gg \alpha_{TK}$,需借助分压器使 $|\alpha_{TBE}|=\alpha_{TK}$,从而实现了温度全自动补偿。

(3) 插上热电偶之后,仪表显示的是被测温度 T;未插热电偶时,由 R_5 将桥路的输出端接通,仪表显示常温 T_A(即室温),测量室温的范围是 $0\sim 40\ ℃$。热电偶测温范围则取决于其型号,例如选用 TP03 微型热电偶时为 $-50\sim 1300\ ℃$。

(4) 该数字温度仪表在 $-40\sim 400\ ℃$ 时的准确度为 $\pm 0.75\%$,在 $400\sim 1000\ ℃$ 时的准确度为 $\pm 1.5\%$,分辨力是 $1\ ℃$。

该电路的校准通过 2 只电位器实现。R_{P1} 用于 $0\ ℃$ 时的校准,可与标准水银温度计一同置于冰水混合物中,调整 R_{P1} 使仪表的显示值为 $0.00\sim 0.01\ ℃$;R_{P2} 用于 $100\ ℃$ 时的校准,可与标准水银温度计一同插入 $100\ ℃$ 沸水中,调整 R_{P2} 使仪表的显示值为 $99\sim 100\ ℃$。调试完毕,将 R_{P1} 和 R_{P2} 用胶或石蜡封固。

练习与思考

1. 数字万用表的特点有哪些?

2. 画出数字万用表的电路组成框图,说明各部分电路的作用或功能。

3. 画出 ICL7106A 的内部组成框图,简述双斜积分式 A/D 变换的 3 个过程。

4. 当电源 $E=9$ V 时,ICL7106A 的 $U+$、$U-$、COM、TEST 引脚的电位分别是多少?(以 COM 引脚的电位做参考点)

5. 简述对 ICL7106 进行功能检查的方法与步骤。

6. 简述 DT9205A 数字万用表电路中的 AC/DC 变换过程与特点。

7. 简述用"比例法"测量电阻的基本原理,并说明其有何优点。

8. 简述用"容抗法"测量电容的基本原理,并画出测量电容的原理框图。

9. 简述自动关机电路的组成与原理。

10. 利用蜂鸣器电路来检测线路的通断有何优点?

安全用电常识与触电急救

◆ 一、人体触电与急救

（一）电工安全操作规程

国家有关部门颁布了一系列的电工安全操作规程,各地区电力部门及各单位主管部门也对电气安全有明确规定,电工必须认真学习、严格遵守。为避免违章作业引起触电,首先应熟悉以下基本的电工安全操作要点。

（1）工作前必须检查工具、测量仪表和防护用具是否完好。

（2）任何电气设备内部未经验明无电时,一律视为有电,不准用手触及。

（3）在线路、设备上工作时要切断电源,经试电笔测试无电并挂上警告牌后方可进行工作。任何电气设备在未确认无电以前,均作为有电状态处理。不准在设备运转时拆卸修理电气设备。必须在停车、切断设备电源、取下熔断器、挂上"禁止合闸,有人工作"的警告牌,并验明无电后,才可进行工作。

（4）在总配电盘及母线上进行工作时,在验明无电后应接临时接地线,装拆接地线都必须由值班电工进行。

（5）临时工作中断后或每班开始工作前,都必须重新检查电源确已断开,并验明无电。

（6）每次维修结束时,必须清点所带工具、零件,以防遗失和留在设备内而造成事故。

（7）由专门检修人员修理电气设备时,值班电工必须进行登记,完工后要做好交代,共同检查,然后方可送电。

（8）必须在低压配电设备上进行带电工作时,要经过领导批准,并要有专人监护。工作时要戴工作帽,穿长袖衣服,戴绝缘手套,使用绝缘的工具,并站在绝缘物上进行操作,邻相带电部分和接地金属部分应用绝缘板隔开。带电工作时,严禁使用锉刀、钢尺等金属工具进行操作。

（9）禁止带负载操作动力配电箱中的刀开关。

（10）带电装卸熔断器时，要戴防护眼镜和绝缘手套，必要时要使用绝缘夹钳，站在绝缘垫上操作。绝缘工具和防护用具如图 A-1 所示。

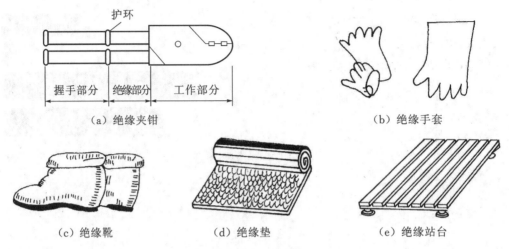

图 A-1　绝缘工具和防护用具

（11）熔断器的容量要与设备和线路的安装容量相适应。

（12）电气设备的金属外壳必须接地（接零），接地线要符合标准，不准断开带电设备的外壳接地线。

（13）拆除电气设备或线路后，对可能继续供电的线头必须立即用绝缘布包好。

（14）安装灯头时，开关必须接在相线上，灯头（座）螺纹端必须接在零线上。

（15）按规定搭接临时线，敷设时应先接地线，拆除时应先拆相线，拆除的电线要及时处理好，带电的线头需用绝缘带包好，严禁乱拉临时线。对于临时装设的电气设备，必须将金属外壳接地。严禁将电动工具的外壳接地线和工作零线拧在一起插入插座。必须使用两线带地或三线带地插座，或者将外壳接地线单独接到接地干线上，以防接触不良引起外壳带电。用橡胶软电缆接移动设备时，专供保护接零的芯线中不许有工作电流通过。

（16）动力配电盘、配电箱、开关、变压器等各种电气设备附近，不准堆放各种易燃、易爆、潮湿和其他影响操作的物件。

（17）高空作业时应系好安全带，扶梯应有防滑措施。使用梯子时，梯子与地面之间的角度以 60°左右为宜。在水泥地面上使用梯子时，要有防滑措施。对没有搭钩的梯子，在工作中要有人扶持。使用人字梯时拉绳必须牢固。

（18）使用喷灯时，油量不得超过容器容积的 3/4，打气要适当，不得使用漏油、漏气的喷灯。不准在易燃易爆物品附近点燃喷灯。

（19）使用Ⅰ类电动工具时，要戴绝缘手套，并站在绝缘垫上工作。最好加设漏电保护断路器或安全隔离变压器。

（20）使用电烙铁时，安放位置不得有易燃物或靠近电气设备，用完后要及时拔掉电源插头。

（21）电气设备发生火灾时，要立刻切断电源，并使用"1211"灭火器或二氧化碳灭火器灭火，严禁用水或泡沫灭火器。

(二) 人体触电的种类与伤害

1. 人体触电的种类

人体是导电的,当人体接触带电部位时,外部的电流就会经过人体而构成回路,使人体器官组织受到损伤,严重时将导致昏迷、窒息,甚至心脏停止跳动而死亡。

人体触电有两种类型,即电击和电伤。电击是指电流通过人体内部所造成的内伤。当电流通过人体内部时会对人体内脏及神经系统造成破坏,它可以使肌肉抽搐、内部组织损伤,造成发热发麻、神经麻痹等,严重时会导致死亡。通常说的触电就是电击,触电死亡大部分由电击造成。电伤是指电流通过人体外部时所造成的外伤。当电流通过人体外部时,电流的热效应、化学效应等会造成人体表皮的局部伤害,如灼伤、烙伤等。

2. 电流对人体的伤害

在触电事故中,电击和电伤常常同时发生。触电的伤害程度与通过人体电流的大小、流过的途径、持续的时间、电流的种类、交流电的频率、电压的高低,以及人体电阻的大小与健康状况等因素有关,其中通过人体电流的大小对触电的伤害程度起决定性作用。因此规定:通过人身的安全直流电流必须在 50 mA 以下,通过人身的交流安全电流必须在 10 mA 以下。人体对电流的各种反应如表 A-1 所示。

表 A-1　人体对电流的各种反应

电流 /mA	交流电(50 Hz)		直流电
	通电时间	人体反应	人体反应
0~0.5	连续	无感觉	无感觉
0.5~5	连续	有麻刺、疼痛感,无痉挛	无感觉
5~10	数分钟内	痉挛、剧痛,但可摆脱电源	有针刺、压迫及灼热感
10~30	数分钟内	迅速麻痹,呼吸困难,不能自由活动	压痛、刺痛,有强烈灼热感,出现抽搐
30~50	数秒至数分钟	心跳不规则,昏迷,强烈痉挛	感觉强烈,有剧痛和痉挛
50~100	超过 3 秒	心室颤动,呼吸困难,心脏麻痹而停跳	剧痛,强烈痉挛,呼吸困难或麻痹

由于触电对人体的危害性极大,为了保障人的生命安全,使触电者能够自行脱离电源,各国都规定了安全操作电压。所谓安全电压,是指在不同的环境条件下,人体接触到有一定电压的带电体后,对人体各部分组织(如皮肤、心脏、呼吸器官和神经系统等)不造成任何损害的电压。我国规定安全电压分 5 个等级,50~500 Hz 的交流电压额定值(有效值)分别为 42 V、36 V、24 V、12 V、6 V,供不同场合选用,还规定安全电压在任何情况下均不得超过 50 V 有效值。当电器设备采用大于 24 V 的安全电压时,必须有防止人体直接触及带电体的保护措施。

(三) 触电的原因与形式

从电流对人体的伤害可看出,必须安全用电,并且应该以预防为主。为了最大限度地减少触电事故的发生,应从实际出发,分析触电的原因与形式,并针对不同情况提出预防措施。

1. 触电的原因

不同的场合,引起触电的原因也不一样。根据日常用电的情况,触电原因可归纳为以下几类。

① 线路架设不合规格。采用一线一地制的违章线路架设,当接地零线被拔出、线路发生短路或接地桩接地不良时,均会引起触电;室内导线破旧、绝缘损坏或敷设不合规格,容易造成电线短路,引起触电或火灾;无线电设备的天线、广播线、通信线与电力线距离过近或同杆架设,如遇断线或碰线,电力线电压传到这些设备上将引起触电;此外,电气修理工作台布线不合理、绝缘线被电烙铁烫坏等都可能引起触电。

② 用电设备不合要求。电烙铁、电熨斗、电风扇等家用电器绝缘损坏、漏电及其外壳无保护接地线或保护接地线接触不良;开关、插座的外壳破损或相线绝缘老化,失去保护作用;照明电路或家用电器接线错误,使得灯具或机壳带电而引起触电等。

③ 电工操作制度不严格、不健全。带电操作、冒险修理或盲目修理,且未采取切实的安全措施;停电检修电路时,闸刀开关上未挂"警告牌",其他人员误合开关造成触电;使用不合格的安全工具进行操作,如用竹竿代替高压绝缘棒,用普通胶鞋代替绝缘靴等,也容易造成触电。

④ 用电不谨慎。违反布线规程,在室内乱拉电线,在使用中不慎触电;换熔丝时.随意加大规格或用铜丝代替铅锡合金丝,失去保险作用,引起触电;未切断电源就去移动灯具或家用电器,如果电器漏电就会造成触电;用水冲刷电线和电器,或用湿布擦拭,使得绝缘性能降低而漏电,也容易造成触电。

2. 触电的形式

人体触及带电体有 3 种不同情况,分别为单相触电、两相触电和跨步电压触电,如图 A-2 所示。

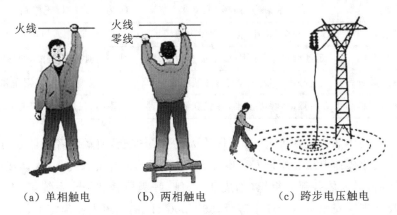

（a）单相触电　　　（b）两相触电　　　（c）跨步电压触电

图 A-2　人体触电的形式

① 单相触电。人站在地上或其他接地体上,而人的某一部位触及一相带电体时,电流通过人体流入大地而引起的触电,称为单相触电。在我国低压三相四线制中性点接地的系统中,单相触电的电压为 220 V。

② 两相触电。人体不同部位同时触及带电设备或线路中的两相导体而引起的触电,称为两相触电。两相触电时,电流从一相导体通过人体流入另一相导体,加在人体上的电压为线电压（380 V）,所以其危险性比单相触电更大。

③ 跨步电压触电。当电气设备或供电线路发生接地故障(特别是高压线路断线而对地

短路)时,电流流过周围土壤,在地面上形成电压降,若人在故障接地点附近行走,两脚之间就会形成跨步电压而引起触电,称为跨步电压触电。跨步电压的大小取决于人体离接地点的远近及两脚正对接地点方向的跨步距离。通常,为了防止发生跨步电压触电,应离接地体20 m 之外,此时跨步电压约为零。另外,防雷装置在接受雷击时,极大的流散电流在其接地装置附近的地面也会造成跨步电压触电。

(四)触电的急救方法

一旦发生触电事故,抢救者必须保持冷静,首先应使触电者脱离电源,然后进行急救。

1. 脱离电源

使触电者迅速脱离电源是极其重要的一环,触电时间越长,对触电者的伤害就越大。要根据具体情况和条件采取不同的方法,如断开电源开关、拔去电源插头或熔断器插件等。可用干燥的绝缘物拨开电源线或用干燥的衣服垫住,单手将触电者拉开(仅用于低压触电),如图 A-3 所示。总之,用一切可行的办法使触电者迅速脱离电源。在高空发生触电事故时,触电者有摔下的危险,一定要采取紧急措施,使触电者不致摔伤或摔死。

（a）将触电者身上的电线挑开　　　（b）将触电者拉离电源

图 A-3　使触电者迅速脱离电源

2. 急救

触电者脱离电源后,应根据其受到电流伤害的程度,采取不同的施救方法。若触电者停止呼吸或心脏停止跳动,绝不可认为其已死亡而不去抢救,应立即进行现场人工呼吸和人工胸外心脏挤压,并迅速通知医院救护。抢救必须分秒必争,时间就是生命。

(1)人工呼吸法。人工呼吸的方法很多,其中以口对口(或对鼻)的人工呼吸法最为简便有效,而且最易学会,如图 A-4 所示,具体做法如下。

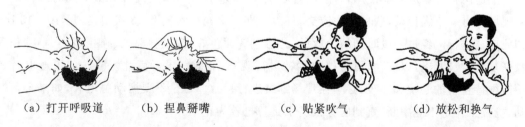

（a）打开呼吸道　　（b）捏鼻掰嘴　　（c）贴紧吹气　　（d）放松和换气

图 A-4　人工呼吸法

① 打开呼吸道。首先把触电者移到空气流通的地方,最好放在平直的木板上,使其仰卧,不可用枕头。然后把头侧向一边,掰开嘴,清除口腔中的杂物、假牙等。如果舌根下陷应将其拉出,使呼吸道畅通。同时解开衣领,松开上身的紧身衣服,使胸部可以自由扩张。再

让触电者的头部尽量后仰,鼻孔朝天,颈部伸直。

② 捏鼻掰嘴。抢救者位于触电者的一边,用一只手紧捏触电者的鼻孔,并用手掌的外缘部压住其额部,扶正头部使鼻孔朝天。另一只手托在触电者的颈后,将颈部略向上抬,以便接受吹气。

③ 贴紧吹气。抢救者做深呼吸,然后紧贴触电者的口腔,对口吹气约 2 s。同时观察其胸部有否扩张,以判断吹气是否有效和是否合适。

④ 放松和换气。吹气完毕后,立即离开触电者的口腔,并放松其鼻孔,使触电者胸部自然回复,时间约 3 s,以利其呼气。

按照上述步骤不断进行操作,每分钟约反复 12 次(每次约 5 秒)。如果触电者张口有困难,可用口对准其鼻孔吹气,效果与上面方法相近。

(2)胸外心脏挤压法。这种方法是用人工挤压心脏代替心脏的收缩作用。一旦触电者心跳停止或有不规则的颤动,应立即用这种方法进行抢救,如图 A-5 所示,具体做法如下。

图 A-5　胸外心脏挤压法

① 使触电者仰卧,姿势与口对口的人工呼吸法相同,但后背着地处应结实。

② 抢救者骑在触电者的腰部。

③ 抢救者两手相叠,掌根置于触电者胸骨下端部位,即中指指尖置于其颈部凹陷的边缘,"当胸一手掌",掌根所在的位置便是正确压区。然后掌根垂直向下用力挤压,使胸部下陷 3~4 cm,可以压迫心脏,使其起到排血的作用。

④ 使挤压到位的手掌突然放松,但手掌不要离开胸壁,依靠胸部的弹性自动回复原状,使心脏自然扩张,大静脉中的血液就能回流到心脏中。

按照上述步骤连续不断地进行操作,每分钟约挤压 60 次。挤压时定位要准确,压力要适中。不要用力过猛,避免造成肋骨骨折、气胸、血胸等。但也不能用力过小,达不到挤压目的。

上述两种方法应对症使用,若触电者心跳和呼吸均已停止,则两种方法应同时进行。如果现场只有一个人抢救,两种方法应交替使用,即每次先行吹气 2~3 次,再挤压 10~15 次,如此反复进行。经过一段时间的抢救后,若触电者面色好转、口唇潮红、瞳孔缩小、心跳和呼吸恢复正常、四肢可以活动,可暂停数秒钟进行观察,有时触电者就此恢复。如果触电者还不能维持正常的心跳和呼吸,必须在现场继续进行抢救。尽量不要搬动触电者,如果必须搬动,抢救工作绝不能中断,直到医务人员来接替抢救为止。

为便于掌握急救方法,可根据下列口诀进行记忆。

口对口人工呼吸法:清口捏鼻手抬额,深吸缓吹口对紧,张口困难吹鼻孔,五秒一次不放松。

胸外心脏挤压法:掌根下压不冲击,突然放松手不离,手腕略弯压一寸,一秒一秒较适宜。

◆ 二、电气安全技术与应用

（一）接地和接零

为使电气设备可靠运行，接地和接零保护不可或缺。

1. 接地

1）接地的作用

为了保证电气设备和人身的安全，在整个电力系统中，包括发电、变电、输电、配电和用电的每个环节，所使用的各种电气设备和装置都需要接地。

所谓接地，就是电气设备和装置的某一点与大地进行可靠的电连接，如电动机、变压器和开关设备的外壳接地（或中性点接地）。假使这些设备应该接地的而没有接地，就会对设备的安全运行和人身的安全造成威胁。

从图 A-6(a)中可以看出，当电气设备某处的绝缘损坏时其金属外壳带电。此时人体一旦触及电气设备的外壳，电流就会经过人体与线路或地面形成回路，发生触电事故。为了降低触电的危险性，应尽量降低人体所能触到的接触电压。为此，应将电气设备的金属外壳与接地体相连接，即采取接地，如图 A-6(b)所示。

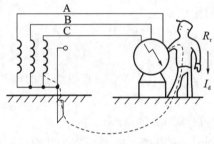
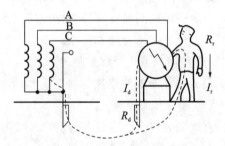

（a）无接地时电流通过人体的情况　　　（b）有接地时电流通过人体的情况

图 A-6　对地短路电流通过人体的情况

将电气设备的外壳和大地进行连接，其接地电阻为 R_d，而人体电阻为 R_r。当发生碰壳故障时，碰壳的接地电流便沿着接地体和人体两条通路流过。流过每条通路的电流值与电阻的大小成反比，即

$$\frac{I_r}{I_d} = \frac{R_r}{R_d}; \quad I_r = I_d \cdot \frac{R_r}{R_d}$$

式中，I_r 为流过人体的电流，I_d 为流过接地体的电流。

在一般情况下，人体的电阻达 $40 \sim 100$ kΩ，即使在恶劣的环境下，人体的电阻也有 1 kΩ左右，而 R_d 一般不大于 10 Ω。从上式可以看出，接地体的接地电阻越小，人体所能触及的接触电压也愈低，而流过人体的电流就越小。

2）接地分类

在电力工程中，接地技术应用极多，按接地的作用来分类，常用的有下列几种。

① 保护接地。在电力系统中，凡是为了防止电气设备及装置的金属外壳因发生意外带电而危及人身和设备安全的接地，叫作保护接地。

② 工作接地。在电力系统中，凡因设备运行需要而进行的接地，叫作工作接地，例如，配电变压器低压侧中性点的接地、发电机输出端中性点的接地等。

③ 过电压保护接地(防雷接地)。为了消除大气过电压或操作过电压的危险而设置的接地,叫作过电压保护接地。

④ 静电接地。为了防止可能产生或聚集静电荷而对设备或设施构成威胁而进行的接地,叫作静电接地。

⑤ 隔离接地。把不能受干扰的电器设备或干扰源用金属外壳屏蔽起来,并进行接地,能避免干扰信号影响电器设备正常工作,叫作隔离接地,也叫金属屏蔽接地。

⑥ 电法保护接地。为保护管道不受腐蚀,采用阴极保护或牺牲阳极保护等的接地,叫作电法保护接地。

在以上各种接地中,保护接地应用得最多、最广,一般电工在日常施工和维修中,遇到的机会也最多。

3) 保护接地的安装要求

① 接地电阻不得大于 4 Ω,应采用专用保护接地插脚的插头;

② 保护接地干线截面不小于相线截面的 1/2,单独用电设备的保护接地干线截面不小于相线截面的 1/3;

③ 同一供电系统中不能同时采用保护接地和保护接零;

④ 必须有防止中性线及保护接地线受到机械损伤的保护措施;

⑤ 每隔一定时间检验以检查保护接地系统的接地状况。

4) 免予保护接地的情况

以下几种情况可免予保护接地:

① 安装在不导电的建筑材料上且离地面 2.2 m 以上,人体不能直接触及的电气设备,触及时人体已与大地隔绝;

② 直接安装在已有接地装置的机床或其他金属构架上的电气设备;

③ 在干燥或不良导电地面(如木板、塑料或沥青)的居民住房或办公室里所使用的各种日用电器,如电风扇、电烙铁和电熨斗等;

④ 电度表和铁壳熔丝盒;

⑤ 由 36 V 或 12 V 安全电源供电的各种电器的金属外壳;

⑥ 采用 1:1 隔离变压器提供的 220 V 或 380 V 电源的移动电器。

2. 接零

380 V/220 V 三相四线制系统中的电气设备,必须采用保护接零,即将电气设备正常不带电的金属外壳与系统的零线相连接,以减少触电的机会,如图 A-7(a)所示。

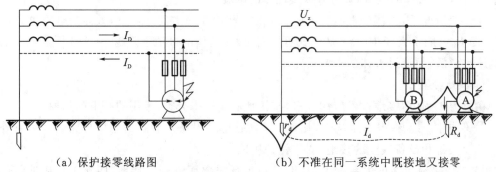

　　(a) 保护接零线路图　　　　　(b) 不准在同一系统中既接地又接零

图 A-7　电气设备的保护接零

1）接零的作用

接零也是为了保护人身安全,因为零线阻抗很小,当一相碰壳时,就相当于该相短路,使熔断器或其他自动保护装置动作,从而切断电源,达到保护目的。

2）保护接零的安装要求

① 保护零线在短路电流作用下不能熔断。

② 采用漏电保护器时应使零线和所有相线同时切断。

③ 零线的截面一般与相线相同。

④ 中线必须实行重复接地。

⑤ 架空线路的零线应架设在相线的下层。

⑥ 中性线上不允许安装熔断器和自动空气开关,以防中性线断线,失去保护接零的作用,因此零线上不能装设断路器、刀闸或熔断器。

⑦ 防止零线与相线接错。

⑧ 多芯导线中规定用黄、绿相间的线做保护零线。

⑨ 电气设备投入运行前必须对保护接零进行检验。

⑩ 在同一系统中,不允许有的设备接零而有的设备接地。例如同一系统中 A 设备接地,B 设备接零,如图 A-7(b)所示,当设备 A 发生单相碰壳时,会使接零设备的对地电压升高,如果人体同时触及接零和接地设备的外壳,其接触电压将达到网络的相电压,这是不允许的。

⑪ 中性点不接地系统中的设备不能采用保护接零,因为任一设备发生碰壳都将使所有设备的金属外壳上呈现近于相电压的对地电压,这是十分危险的。在中点接地的保护接零系统中,当中点接地断线时也会发生上述情况,这也是十分危险的。

（二）电气的防火、防爆、防雷

1. 电气防火

电气火灾是电气设备因故障(如短路、过载、漏电等)产生过热,或者由设备自身缺陷、施工安装不当、电气接触不良、雷击引起的高温、电弧、电火花(如电焊火花飞溅、故障火花等)而引发的火灾。

1）电气火灾产生的原因

① 设备或线路发生短路故障。电气设备绝缘损坏、电路年久失修、工作中疏忽大意、操作失误及设备安装不合格等将造成短路故障,短路电流可达正常电流的几十倍甚至上百倍,产生的热量(正比于电流的平方)使温度上升,当温度超过设备自身和周围可燃物的燃点时将引起燃烧,从而导致火灾。

② 过载引起电气设备过热。选用线路或设备不合理,线路的负载电流量超过了导线额定的安全载流量,电气设备长期超载(超过额定负载能力),引起线路或设备过热,从而导致火灾。

③ 接触不良引起过热。接头连接不牢或不紧密、动触点压力过小等使接触电阻过大,接触部位过热而引起火灾。

④ 雷击引起的火灾。

⑤ 通风散热不良。大功率设备缺少通风散热设施或通风散热设施损坏,造成过热而引发火灾。

⑥ 电器使用不当。如电炉、电熨斗、电烙铁等未按要求使用,或用后忘记断开电源,引起过热而导致火灾。

⑦ 电火花和电弧。有些电气设备正常运行时就能产生电火花、电弧,如大容量开关、接触器触点的分、合操作,都会产生电弧和电火花。电火花温度可达数千度,遇可燃物便可点燃,遇可燃气体便会发生爆炸。

2)电气火灾的预防方法

① 在线路设计时应充分考虑负载容量及合理的过载能力;

② 按照相关规定安装避雷设备;

③ 在用电上,应禁止过度超载及乱接乱搭电源线;

④ 用电设备有故障,应停用并尽快检修;

⑤ 对于某些需要在有人监护下才能使用的电气设备,应"人去停用(电)";

⑥ 防止"短路"故障,对于易发生火灾的场所,应加强防火,配置防火器材,使用防爆电器。

电气火灾的预防看起来都是一些烦琐小事,可实际意义重大,千万不要麻痹大意。

3)电气火灾的紧急处理步骤

① 切断电源。当电气设备发生火灾时,首先要切断电源(用木柄消防斧切断电源进线),防止事故扩大和火势蔓延,并防止灭火过程中发生触电事故。同时拨打"119"火警电话,向消防部门报警。

② 正确使用灭火器材。发生电气火灾时,绝不可用水或普通灭火器(如泡沫灭火器)灭火,因为水和普通灭火器中的溶液都是导体,如果电源未被切断,救火者就有触电的可能。所以,发生电气火灾时应使用干粉灭火器或"1211"灭火器灭火,也可以使用干燥的黄沙灭火。

③ 安全事项。救火人员不要随便触碰电气设备及电线,尤其要注意断落在地上的电线。对于火灾现场的一切线、缆,都应按带电体处理。

2. 电气防爆

1)由电引起的爆炸

由电引起的爆炸是危害极大的灾难性事故,主要发生在含有易燃、易爆气体、粉尘的场所。当空气中的汽油含量达到 1%~6%,乙炔含量达到 1.5%~82%,液化石油气含量达到 3.5%~16.3%,家用管道煤气含量达到 5%~30%,氢气含量达到 4%~80%,氨气含量达到 15%~28%时,如遇电火花或高温、高热,就会发生爆炸。碾米厂的粉尘、各种纺织纤维粉尘,达到一定浓度也会引起爆炸。

2)防爆的措施

为了防止电气引爆的发生,在有易燃、易爆气体、粉尘的场所,应合理选用防爆电气设备,正确敷设电气线路,保持场所良好通风;应保证电气设备正常运行,防止短路、过载;应安装自动断电保护装置,将危险性大的设备安装在危险区域外;防爆场所一定要选用防爆电机等防爆设备,使用便携式电气设备应特别注意安全;电源应采用三相五线制与单相三线制,线路接头采用熔焊或钎焊。

3. 电气防雷

1)雷电的形成

雷鸣与闪电是大气层中强烈的放电现象。雷云在形成过程中,由于摩擦、冻结等原因,积累起大量的正电荷或负电荷,产生很高的电位。当带有异性电荷的雷云接近到一定程度时,就会击穿空气而发生强烈的放电。强大的放电电流伴随高温、高热,发出耀眼的闪光和震耳的轰鸣。

2) 雷电的危害

雷电是一种自然现象,在我国的活动比较频繁。雷电产生的强电流、高电压、高温、高热具有很大的破坏力和多方面的破坏作用,给电力系统和人类造成了严重灾害,如对建筑物或电力设施的破坏,对人畜的伤害,引起大规模停电、火灾或爆炸等。因此,雷电的危害是非常严重的,必须采取有效的防护措施。

3) 防雷的措施

防雷的基本思想是疏导,即设法构成通路将雷电引入大地,从而避免雷击的破坏。常用的避雷装置就是基于这种思路设计的,有避雷针、避雷线、避雷网、避雷带和避雷器等。其中避雷针、避雷线、避雷网、避雷带作为接闪器,与引下线和接地体一起构成完整的通用防雷装置,主要用于保护露天的配电设备及建筑物等。避雷器则与接地装置一起构成特定用途的防雷装置,主要用来防止雷电的感应过电压入侵电气设备和线路。

① 避雷针。为了保证安全用电,室外的变电设备、构架、建筑物等应装设独立的避雷针,对直击雷进行防护,这些避雷针除有单独的接地装置外,还应与被保护物之间保持一定的空间距离。

避雷针及避雷线是防止直接雷击的有效装置,它们的作用都是将雷电吸引到金属针(线)上并安全泄入大地,从而保护附近的建筑物、线路和设备。

② 避雷器。所有电气设备的绝缘都具有一定的耐压能力,一般均不低于工频线电压的 $3.5 \sim 7$ 倍。如果施加的过电压超过这个范围,将发生闪路爬弧或击穿绝缘,使电气设备损坏。

避雷器是一种既能释放雷电引起的过电压,保护电工设备免受瞬时过电压危害,又能截断续流,不致引起系统短路的电气装置。避雷器通常接于带电导线与地之间,与被保护设备并联。只要避雷器的放电电压低于电气设备绝缘的耐压值,当电气设备受到过电压侵袭时,避雷器就会立即动作而对地放电,从而限制了过电压的幅值,使被保护设备的绝缘免受过电压的破坏。当过电压消失后,避雷器迅速恢复原状,系统又能正常供电,被保护设备自动恢复到原来状态。

根据放电后恢复到起始状态过程的熄弧方法的不同,避雷器分为管型避雷器及阀型避雷器。另外,避雷器按不同的分类又有防雷器、过电压保护器、氧化锌避雷器、碳化硅避雷器、电站避雷器、配电避雷器、保护电容器避雷器、保护电机避雷器等名称。

(三) 电气线路的安全技术

电气线路要按规程装设,否则极容易发生触电及其他电气事故。电气线路装置的要求是安全、可靠、正规且布线合理,同时充分考虑维修方便。

1. 对电气线路绝缘的要求

对电气线路有一定的绝缘要求,线路相间绝缘和对地绝缘都有规定。线路绝缘除能保证正常工作外,还应经得起过电压考验。每一分路以及总熔断器和分熔断器的导线与导线之间,当用 500 V 兆欧表测量时,新装线路的绝缘电阻应不小于 0.5 MΩ;原有线路导线与导线之间的绝缘电阻应不小于 0.38 MΩ,导线与大地之间的绝缘电阻应不小于0.22 MΩ;若采用特低电压线路,绝缘电阻应不小于 0.22 MΩ。另外,凡人体容易触及的线路,其绝缘强度应不低于 500 V。

2. 电气线路导线截面的选择

低压装置的动力、照明、电热负荷等导线截面的选择由以下 3 个方面确定。

1) 导线安全载流量

① 电阻性负载:导线安全载流量应大于所有设备的额定电流之和。如果线路所带的用户较多,可考虑一定的系数 $k(k \geqslant 0.8)$。

当负载为照明时,每一分路的最大负载电流不应超过 15 A;当负载为电热负荷时,每一分路的最大负载电流不应超过 35 A。

② 电动机负载:若负载为单台电动机,则导线安全载流量不小于电动机的额定电流。若负载为多台电动机,则导线安全载流量不小于容量最大的一台电动机的额定电流与其余各台电动机的计算负荷电流之和。

2) 线路电压降

线路允许有一定的电压降,但电压降不可太大,否则会使负载得不到足够的电压而无法正常工作或造成事故。一般线路电压降不宜超过 5%。

3) 机械强度

导线应有一定的机械强度,足以抵抗外部拉力。

3. 布线方式

电气布线分为架空线路、电缆线路和室内配线等几种方式。

架空线路的导线应具备导电性能好、重量轻、机械强度高等条件。由于架空线路具有投资低、施工期短、易于发现故障、便于维修等优点,因此经常被采用。

电缆线路分直埋敷设、电缆沟敷设、排管敷设等。电缆敷设时应尽量选择距离短的路线,减少穿越公路、铁路的次数。电缆线路具有不占用地面空间、运行可靠、敷设隐蔽等优点,但出现故障时,故障点较难发现且维修工作量大。

室内配线通常有暗敷线路和明敷线路两种方式。暗敷线路指线路装置埋设在建筑墙内、地下及装设在天花板或吊顶上面。明敷线路是指线路装置设在墙壁、天花板等建筑面上,线路走向一目了然。常用的明敷线路有塑料护套线线路、明敷线管线路及瓷瓶线路等。室内配线的基本施工步骤和施工工艺如下。

1) 塑料护套线的敷设

塑料护套线具有耐潮性能好、抗腐蚀力强、线路占用空间小等优点,主要适用于明敷线路。

① 确定线路走向,标画走向线。明线敷设时,如果按图施工,则按图纸标画线路走向;如果工程较小,没有施工图,则在保证线路工作安全可靠的前提下,决定线路走向,然后标画线路走向。根据安全要求,明敷线路的高度、导线的排列方式等都必须符合技术规范,依据美观、整齐的要求,线路走向横平竖直,线路转向时应保持直角。在标画线路走向的同时,应标出相应的导线支撑点及相关的线路器材的安装位置。

② 凿打墙孔。根据走向线上的导线支撑点及相关线路器材的安装位置来凿打墙孔。

若墙孔为木楔孔,孔深要比木楔长 1/4 左右,孔径应略小于木楔,且内外孔径一致;若墙孔为膨胀螺栓孔,则墙孔必须垂直,孔径必须精确,孔深比膨胀管略长些。

③ 固定导线支架。若用塑料线卡固定塑料护套线,则固定导线用的塑料卡的敲钉工作与导线敷设工作同时进行。两固定点的距离以 150～300 mm 为宜,在距开关、插座、灯座 50 mm 处都应设置线卡。若线路需要转弯,则为避免损伤导线,护套线转弯时圆弧要大一些,一般圆弧半径 R 不小于导线外径的 6 倍,且转弯前后分别用线卡固定。若护套线穿线管敷设,则固定线管的每个支撑点安装一个管卡,每个管卡用两个木螺丝固定。

④ 敷设导线。护套线布线的离地距离:户外水平敷设时,不得低于 2 m;户外垂直敷设时,不得低于 13 m;户内水平敷设和垂直敷设都不得低于 15 m。离地距离低于规定要求时,规定高度以下部分应加装钢管或硬塑料管保护。护套线穿过墙壁或楼板部分也应加装钢管或硬塑料管保护。塑料护套线敷设时,其接头一般安排在开关或插座处,不允许导线与导线之间直接连接,如确需对接或进行分支连接时,应装设接线盒。

2) 管线布线

① 线管的选择。管线布线是用钢管、电线管或硬塑料管做导线保护管所敷设的线路。硬塑料管机械强度差,但具有防潮、抗酸碱、耐腐蚀等性能,适用于腐蚀性大的场所。钢管管壁较厚,具有防潮、防火、防爆等性能,在潮湿和有腐蚀的场合都可使用。电线管的管壁较薄,可用于干燥的场合。

线管的选择还要考虑其所穿导线的根数与导线的截面。管内导线一般不得超过 10 根,管子内导线总截面积不得超过管子有效截面积的 40%,且钢管内不允许穿单根导线,不同电压、不同电度表的导线不能穿在同一根管内。

② 线管的处理。线管可以是钢管、专用电线管或硬塑料管。在线管敷设前,先要对线管进行处理。

电线管必须经过防锈处理。为了防止线管经长时间使用后生锈而影响使用,在配管前要对钢管和电线管进行除锈与涂漆处理。钢管内部除锈可用圆形钢丝刷,在钢丝刷的两头各连一根铁丝,穿过线管并来回拉动,清除铁锈,线管外部可用钢丝刷打磨,除锈后的线管表面涂以油漆或沥青漆。

根据线路敷设的需要,当线路转弯时,要对线管进行弯曲。明管敷设拐弯时,圆弧的曲率半径应大于管子直径的 4 倍;暗管敷设拐弯时,圆弧的曲率半径应大于管子直径的 6 倍。钢管和电线管可用弯管器进行弯曲,硬塑料管可先对需弯曲的部位均匀加热,再进行弯曲。为防止弯曲时把硬塑料管子压扁,可用一端扣有绳子的弹簧穿入管子的弯曲处再行弯曲,弹簧的外径略比塑料管内径小一些,管子弯好后再用绳子将弹簧拉出。

③ 线管敷设。线管敷设时,要用管卡固定。直线敷设时,管卡固定距离根据线管的粗细、壁厚确定,线管弯头的两边及线管进入开关、插座、灯座和接线盒前 300 mm 处都必须用管卡固定。

④ 穿线。穿线前,先把钢丝穿过线管,并在钢丝上扎一块擦布,将擦布来回拉几次,清除管内杂物和水分。再把钢丝与导线连在一起,这时钢丝作为引线,一人从管子的一端往里送线,另一人从管子的另一端拉钢丝引线,使电线穿过线管。为使导线较容易穿入,钢丝与导线的结头要尽量小,且绑结应牢固。另外,线管中的导线不得有接头,导线的额定电压不应低于交流 500 V。

3）暗敷线路

暗敷线路是把导线敷设在地板、墙壁、楼板或顶棚内,建筑物表面看不到电气线路,因此具有美观的特点。除此之外,暗敷线路具有防水、防潮、防腐蚀等优点。在家庭、宾馆及一些公共场所,由于美观的需要,对电气线路、电器开关等要求暗敷。

① 固定线管。线路暗敷时,不能把塑料护套线或其他导线直接埋入水泥或石灰粉层,而必须在墙壁、楼板内预埋穿线管,然后将导线穿入管内。暗敷线路常和房屋建筑配套进行。若管线配在混凝土构件内,可用细铁丝扎在钢筋上。若管线配在砖墙内,一般在砌砖墙时预埋。否则,应在砖墙上开槽,在砖槽内固定线管,可先在砖缝内打入木楔,再把绑有细铁丝的铁钉钉入木楔,用细铁丝把线管扎牢即可。应该注意的是,埋设的线管不能有外露现象。

② 开关、插座的安装。在暗敷线路中,开关与插座的前平面一般略凸出于墙面。开关、插座安装处应留有安装孔,孔内用石膏等固定专用接线盒或自制木盒,开关或插座固定在接线盒上,其盖板应紧贴墙面。

4. 临时用电的安全

临时用电线路大都是临时使用的用电装置。布线时严禁将导线打结,或用铁丝捆扎悬挂,或随便将电线在地上拖来拖去,或不装插头,直接用线头插入插座。临时用电线路应做到定期检查,保证用电线路与用电装置良好安全地运行。

临时用电装置的用电量较小时,单相 220 V 电压线路允许用三芯坚韧橡皮线或塑料护套线;三相 380 V 电压线路允许用四芯坚韧橡皮线,但长度一般不超过 100 m,离地高度应不低于 25 m,敷设必须安全可靠。

从安全出发,架设线路时应先接用电设备一端,后接电源一端。拆除线路时正好相反,应先拆电源一端,后拆用电设备一端。

5. 线路的保护措施

保护线路最常用的方法是在线路中装设熔断器和空气开关断路器。

(四）电气设备的安全要求

1. 电气安全工作的基本要求

(1) 在电气设备上工作,至少应有两名经过电气安全培训并考试合格的电工。非合格电工在电气设备上工作时应由合格电工负责监护。

(2) 电气工作人员必须认真学习和严格遵守《电业安全工作规程》以及企业制定的现场安全规程补充规定。

(3) 在电气设备上工作一般应停电后进行。只有经过特殊培训并考核合格的电工方可进行批准的某些带电作业项目。停电的设备是指与供电网电源已隔离,已采取防止突然通电的安全措施并与其他任何带电设备有足够安全距离的设备。

(4) 在任何已投入运行的电气设备或高压室内工作,都应执行两项基本安全措施,即技术措施和组织措施。技术措施用于保证电气设备在停电作业时断开电源,防止接近带电设备,防止工作区域有突然来电的可能;保证带电作业有完善的技术装备和安全的作业条件。组织措施用于保证整个作业的各个安全环节在明确的有关人员安全责任制下组织作业。

(5) 为了保证电气作业安全,所有使用的电气安全用具都应符合安全要求,并经试验合格,在规定的安全有效期内使用。

2. 电气设备上工作的组织措施

1) 电气设备上工作人员的安全责任

① 工作票签发人要正确签发安全工作票,保证作业任务的必要性和进行作业时的安全性,保证必要的安全措施的正确和完善,保证所指派的工作人员适当、足够、精神状态良好。

② 工作负责人正确、安全地组织工作,进行安全思想教育和纪律教育,检查安全措施是否正确、完善,检查工作人员是否适当、足够、精神状态良好,督促和监护认真执行安全工作规程和作业规程,组织清理作业现场并办理工作票终结手续。

③ 工作许可人要认真审查安全措施是否正确、完备,是否符合现场需要,正确布置并完善工作现场的安全措施,检查停电设备有无突然来电的危险,若有疑问应向工作票签发人询问,必要时应要求做出详细补充。

④ 工作班人员应清楚地了解现场安全条件和有关安全措施及本人的工作任务和要求,认真执行安全工作规程和现场安全措施,关心施工安全并监督安全规程和现场安全措施的实施,认真清理现场和工具。

工作票签发人不得兼任工作负责人或工作许可人,工作票签发人必须参加现场作业时应列入工作班人员名单并接受工作负责人的监护和督促。工作负责人可以填写工作票但无权签发,工作许可人也不得签发工作票。

2) 工作票制度

电气设备上工作都要按工作票或口头命令执行。第一种工作票适用于在高压设备上工作需要全部或部分停电的情况,以及在高压室内二次回路和照明回路上工作需要将高压设备停电或做安全措施的情况。第二种工作票适用于无须将高压电气设备停电的带电作业,带电设备外壳上的工作,控制盘和低压配电盘、配电箱、电源干线上的工作,二次回路上的工作,转动中的发电机、同步电机的励磁回路或高压电动机转子电阻回路上的工作,非当值值班人员用绝缘棒或电压互感器定相或用钳形电流表测量高压回路的电流。凡不属于上述两种工作票范围的工作,可以采用口头或电话命令,命令除告知工作负责人外,还要通知值班运行人员,将发令人、负责人及任务详细记录在有关值班记录簿中。

此外还有工作许可制度,工作监护制度,工作间断、转移和终结制度。

3. 电气设备上工作的安全技术措施

(1) 停电;

(2) 验电;

(3) 装设接地线;

(4) 悬挂警告牌和装设遮栏。

参考文献

[1] 沙占友.便携式数字万用表原理与维修[M].北京:电子工业出版社,2009.

[2] 沙占友.数字万用表使用方法快易通[M].武汉:武汉理工大学出版社,2014.

[3] 吕俊杰.SMT生产工艺[M].北京:电子工业出版社,2014.

[4] 王卫平.数字万用表的原理与组装[M].北京:大连理工大学出版社,2011.

[5] 浦大雁,文武.电子产品生产工艺[M].北京:中国原子能出版社,2018.

[6] 王成安,王洪庆.电子产品生产工艺[M].大连:大连理工大学出版社,2010.

[7] 吴铭波.电子产品装配与调试[M].北京:中南大学出版社,2021.

[8] 陶圣鑫.电子产品装配与调试[M].北京.电子工业出版社,2017.

[9] 朱国兴.电子技能与训练[M].3版.北京:高等教育出版社,2015.

[10] 廖先芸.电子技术实践与训练[M].3版.北京:高等教育出版社,2018.